中外历史建筑手绘解析

刘清越　吴瑞　刘强　李少红　著

山东画报出版社

济南

图书在版编目（CIP）数据

中外历史建筑手绘解析 / 刘清越等著 .— 济南：山东画报出版社，2023.7

ISBN 978-7-5474-4488-7

Ⅰ. ①中… Ⅱ. ①刘… Ⅲ. ①建筑史－世界②古建筑－建筑画－绘画技法 Ⅳ. ①TU-091②TU204.11

中国国家版本馆CIP数据核字(2023)第045813号

ZHONGWAI LISHI JIANZHU SHOUHUI JIEXI

中外历史建筑手绘解析

刘清越　吴　瑞　刘　强　李少红　著

责任编辑　张桐欣
装帧设计　王　芳　张智颖

主管单位　山东出版传媒股份有限公司
出版发行　山东画报出版社
社　　址　济南市市中区舜耕路517号　邮编 250003
电　　话　总编室（0531）82098472
市场部（0531）82098479
网　　址　http://www.hbcbs.com.cn
电子信箱　hbcb@sdpress.com.cn
印　　刷　济南新先锋彩印有限公司
规　　格　170毫米×240毫米　16开
16印张　150千字
版　　次　2023年7月第1版
印　　次　2023年7月第1次印刷
书　　号　ISBN 978-7-5474-4488-7
定　　价　88.00元

序

黄元炤

建筑历史与理论研究学者／ADA研究中心主持人

不管是出于有意还是无意，创作者通常把创作一幅画的过程作为观看、洞察与体验世界的一种方式进行冒险。有的记录真实，有的塑造虚构，有的提示冲突与对抗，有的召唤良知，其结果时常超越事物表象的陈述，焕发独特情境以制造吸引。其意义就在于观者有节奏、有爱好的注视，沉浸式的探寻与联想，并做出回应，最终，让精神有了欢愉，而不仅是视觉快感的获得。

因此，创作者对理念的控制与传递，其姿态是严谨的，拒绝愚弄与欺瞒。创作者试图以画作真诚地同人们交流，以获得互动，引起共鸣。当人们愿意接受诱惑，走近他们的创作时，一切将变得可见、可读，乃至作者与观者两者之间经由画作进行时空区隔的意识交流，促发的是凝视、震撼与迷恋的感知，以及恍然的审美彻悟。这往返的交互，有时是刻意、偶然或是命中注定的。

画作，是作者对客观世界的真实反映，也是一种图像表达。然而，图像是先于文字出现在人类社会的，其进化的历程经由描绘与修饰，赋予了生活的多样、色彩与丰厚，也揭示了文明的技术进步，能广为流传。所以，图像没有时间、地域限制，能传译于古今之中，反复于过往与现在。语境、场所不同，理解与认知就不同，它能让历史被钩沉，让现状被讨论，可以成为范本被沿用，也能遗忘在世俗之中。图像能提炼成文字，亦能让文字作为辅助而支撑，相互应对。

由山东建筑大学刘清越老师、三川手绘吴瑞老师、济南大学刘强老师、青岛农业大学李少红老师撰写的《中外历史建筑手绘解析》一书，即是文图并茂的一本著作，其图像表达聚焦在手绘图示这一部分。我们知道，手绘可以是直观的，因为是人，必能手绘，只是浓墨重彩的差异；手绘亦能无拘无束地创作、临摹与复制，所以它是随性自由的。也因此，手绘激发了创作欲望，进而提升了人的艺术修为与鉴赏品味，更能诉说一种理想，彰显创作者的精神。而《中外历史建筑手绘解析》则是经由对经典汇整与研究后，通过图像的牵引、文字的润释，让中外历史真迹被钩沉，建筑被具体、具象与具文性地解析，纤毫毕现，字字珠玑，细致地传达给读者与学生，让他们进行理解、认知与学习。其价值就在于作者从创作一本书的世界来了解另一个世界的各种过程，这是一本具有独创性、系统性与逻辑性的手绘文献著作，值得被推荐、收藏。

自序

从二十世纪七八十年代开始，学者们已经着手高校建筑学专业中外建筑史课程教辅书籍的研究工作，至今已积累了丰硕的成果。而这些教辅书籍中，多以文献分析、文字讲解和图片示例为主，针对中外历史建筑系统性的图示解析较少。目前，国内有两百多所高校开设建筑学专业（含未通过评估的），建筑学专业本科在校生上万人。中外建筑史作为建筑学专业必修课程之一，同时也是建筑学专业考研科目中的必考内容，具有极强的重要性。如何让纸面上枯燥沉寂的历史建筑“活”起来，将历史建筑简洁明了、直观有趣地传达给各类读者，是一个亟待解决的问题。

为了满足各类读者的实际需求，本书参照潘谷西的《中国建筑史（第七版）》，侯幼彬、李婉贞的《中国古代建筑历史图说》，刘敦桢的《中国古代建筑史》，陈志华的《外国建筑史（第四版）》，以及罗小未的《外国近现代建筑史（第二版）》等国内高校建筑学专业中外建筑史课程常用教辅书籍，以及建筑类“老八校”历年建筑学专业考研真题，选取其中具有典型性的历史建筑，将其分成中建史和外建史两部分，按照建筑类别（风格）梳理而成。本书通过文字介绍和手绘图示的方式，解析中外历史建筑的基础知识点与绘制技法，通过图示的方式将典型中外历史建筑的整体形态和具体细节清晰、具象地呈现在学生和广大读者面前，不仅便于学生的专业学习，还易于广大读者对历史建筑的理解认知。

感谢三川手绘的刘进军、杜建锋、王明安三位老师，以及同圆设计集团牛浩楠老师、山东建筑大学建筑城规学院吴梦婷同学在成书过程中给予的指导和帮助。因书中图片均为作者手工绘制，如有瑕疵纰漏，请诸君不吝赐教。

目录

|中国建筑史|

|外国建筑史|

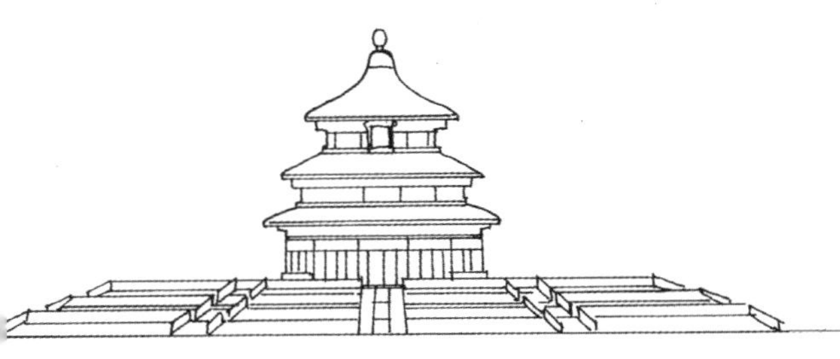

中国建筑史

一、城市建设

偃师尸沟乡商城遗址

河南偃师尸沟乡商城遗址由宫城、内城和外城三层城垣组成。宫城与内城的南北轴线重叠，外城则为后来扩建，形状不规则。宫城中发掘的宫殿均为庭院式建筑，其中主殿遗址长90米，是迄今为止我国发现的最大的早商单体建筑遗址。

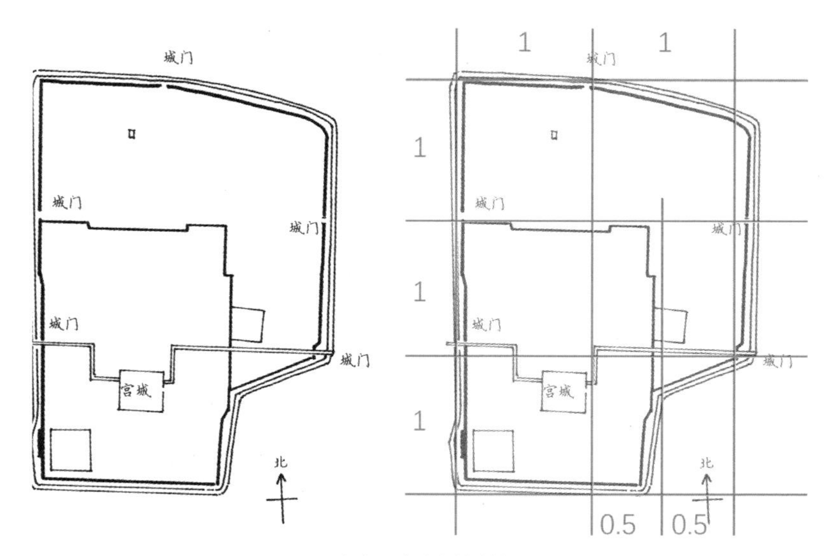

图1-1　偃师尸沟乡商城遗址总平面图

绘图步骤：

总平面图

（1）绘制长宽比为3：2的矩形辅助框；

（2）按如图所示比例绘制辅助线；

（3）从外至内绘制城墙、城门和宫城，再补充绘制城内建筑等。

曹魏邺城

曹魏邺城平面整体呈长方形，分郭城和宫城两层城垣。郭城开七座城门，其中接金明门和建春门的东西干道将全城分为南北两个部分。干道以北为统治阶层所处区域，宫城居正中，东侧为王公贵族居住区，西侧为铜雀园；干道以南为平民居住区，做棋盘式分割为若干里坊，开创了布局规则严整、功能分区明确的里坊制城市格局。

绘图步骤：

总平面图

（1）绘制长宽比为8：5.5的矩形辅助框；

（2）按如图所示比例绘制辅助线；

（3）从外至内绘制城墙和城门，再补充绘制城内建筑、道路等。

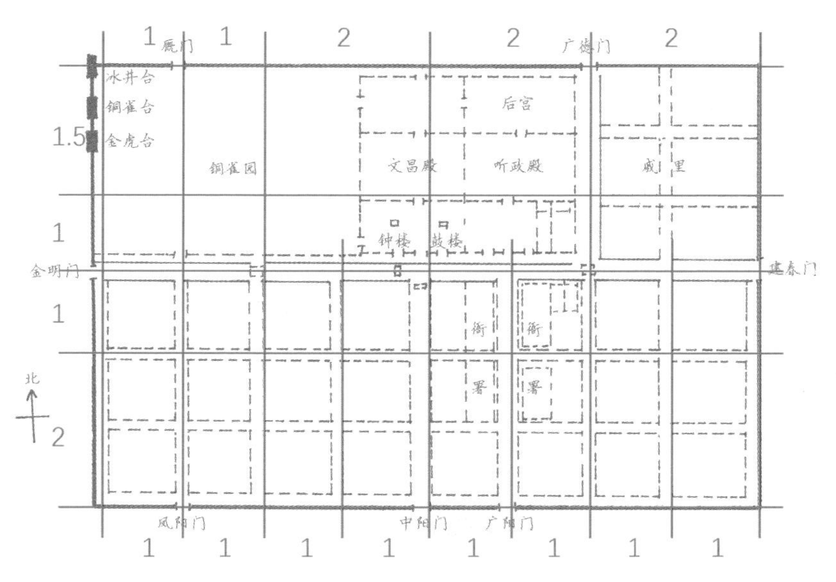

图1-2 曹魏邺城总平面图

汉长安城遗址

汉长安城是在秦咸阳原有离宫——兴乐宫的基础上逐步扩建而来。受到西北侧渭水的限制，其城市布局不规则，城中地势由南向北靠近渭水逐渐降低。城墙每面各开三门，其中八条通向城门的主干道称为“八街”。城内分散布局五个宫殿：未央宫、长乐宫、北宫、桂宫和明光宫。由于宫殿为陆续建造，故每座宫殿分别有宫城环绕。其中，未央宫和长乐宫位于城南，是城中地势最高处；其余三个宫殿，以及市场和居民居住的闾里分布于城北。但根据目前史料记载推测，城内绝大部分土地被五座宫城占据，大多数居民应住在外郭中，宗庙、社稷坛及辟雍均布置于西安门外。

绘图步骤：

总平面图

（1）绘制长宽比为9：6的矩形辅助框；

（2）按如图所示比例绘制辅助线；

（3）从外至内绘制城墙和城门，再补充绘制城内建筑和道路，以及城外宗庙、社稷坛和辟雍等。

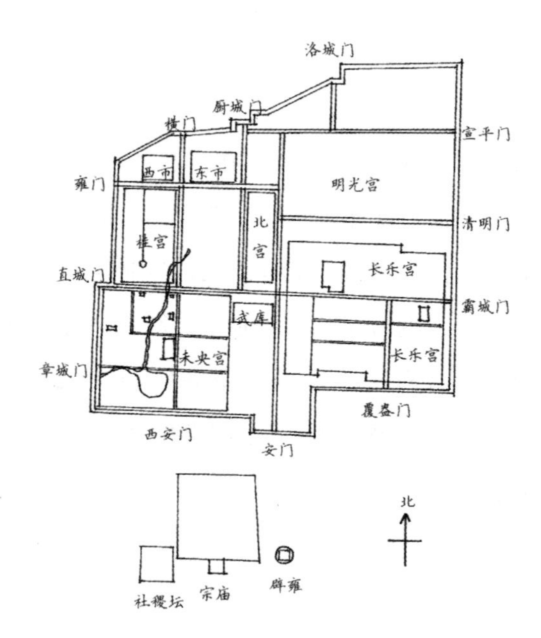

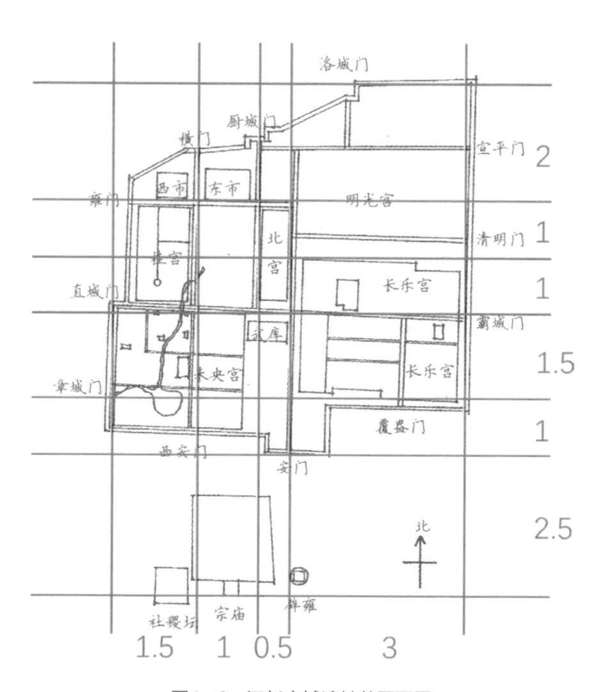

图1-3 汉长安城遗址总平面图

北魏洛阳城

北魏太和十九年（公元495年），孝文帝在西晋洛阳城宫室遗迹上重建北魏新城。城郭东西长20里（注：1里等于500米），南北长15里，由外郭、内城与宫城三层城垣相套组成，其中包含约320个方形里坊。内城废除了东汉两宫的形制，在内城北部沿外郭中轴线建设唯一的宫城。衙署、太庙、太社、永宁寺塔及贵族府邸，沿宫城前御道两侧排开。内城外南侧设有灵台、明堂和太学，东西两侧为洛阳小市和大市两处市场。

绘图步骤：

总平面图

（1）绘制长宽比为9∶7.9的矩形辅助框；

（2）按如图所示比例绘制辅助线；

（3）从外至内绘制城墙和城门，再补充绘制城内外建筑、道路等。

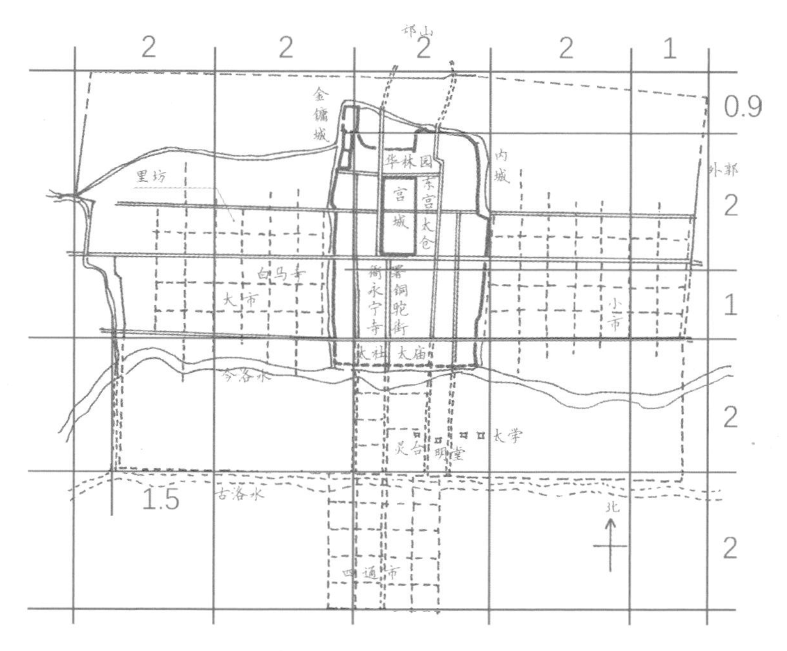

图1-4　北魏洛阳城总平面图

唐长安城

唐长安城基本沿用隋大兴城的城市规划，以南北方向的朱雀大街作为中轴线，宫城居最北侧正中。宫城外正南加筑皇城，将官署衙门等建筑置于皇城内，实现了官居分开。外郭中街巷呈网格状垂直交叉，分割所得里坊沿中轴线东西完全对称分布。城市布局整齐，规制严密，强调了城市中轴线。唐太宗贞观八年（公元634年），唐朝政治中心移至城外新落成的大明宫，将原来宫城内的太极宫改为西内。朝臣、权贵的活动范围逐渐迁至东城，城市重心偏于一侧。

绘图步骤：

总平面图

（1）绘制长宽比为9.5∶8.5的矩形辅助框；

（2）按如图所示比例绘制辅助线；

（3）从外至内绘制城墙和城门，再补充绘制城内建筑、道路等。

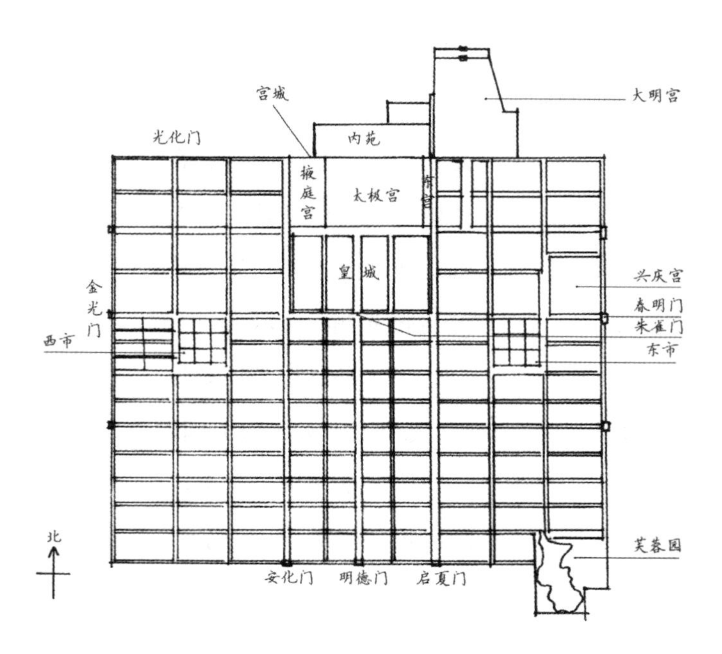

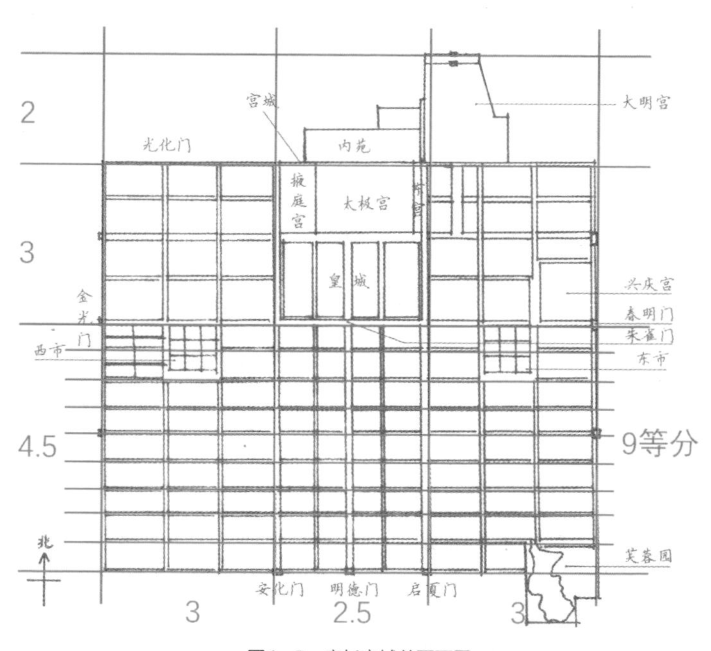

图1-5　唐长安城总平面图

北宋东京城

北宋东京城始建于周世宗显德三年（公元956年），在唐代汴州城的基础上向外扩建而成，由外城（罗城）、内城（里城）和宫城（子城）三重城垣相套。城内五丈河、金水河、汴河及蔡河穿过，交通以水路为主。宫城设置于内城北侧。宫城前设御街，使其成为全城纵轴。官府衙署分布于宫城内外，与居民杂处。东京城不断加建，导致城内建筑密度和人口密度大，防火问题突出，因此专门设立了消防队和瞭望台。伴随着唐宋时期社会经济发展的转变，传统的里坊制被彻底废除，此时形成了自由街巷和集市，并出现了夜市、瓦子、旅店、饭店等商业形式，是我国城市发展史上的重大转折。

绘图步骤：

总平面图

（1）绘制长宽比为8.2：5的矩形辅助框；

（2）按如图所示比例绘制辅助线；

（3）从外至内绘制城墙，再补充绘制城内道路、水系等。

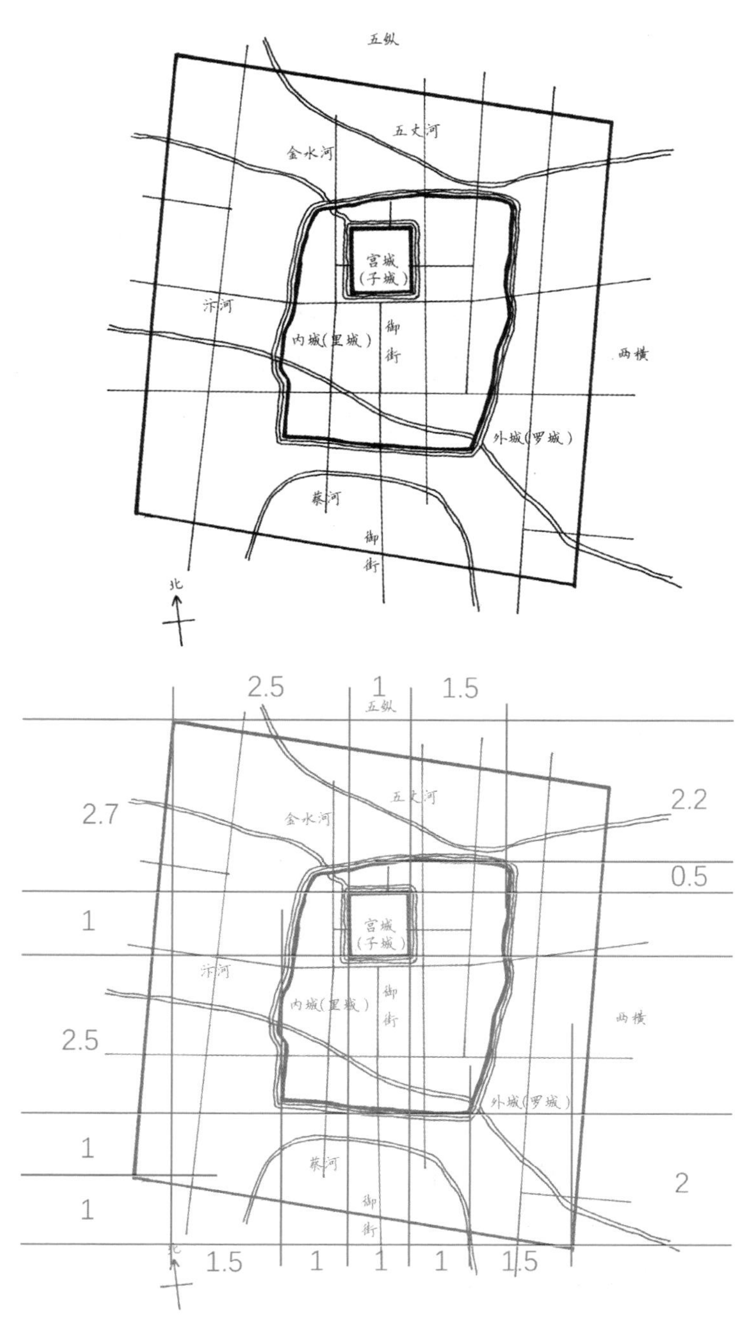

图1-6　北宋东京城总平面图

元大都

元朝保留金中都旧城，于其东北角另筑元大都新城。元大都新城轮廓近于方形，由外城、皇城和宫城三重城垣相套。城内道路系统规整笔直，成方格网状，分干道与胡同两类，与唐朝以前的里坊形制截然不同。城内引入西山、玉泉山一带充沛的泉水，开挖了两套湖河水系，建立了便利的漕运条件。皇城和宫城位于城市南北中轴线之上，偏城南。钟楼、鼓楼设置于皇城以北，位于全城中心。

绘图步骤：

总平面图

（1）绘制长宽比为8.5：7的矩形辅助框；

（2）按如图所示比例绘制辅助线；

（3）从外至内绘制城墙和城门，再补充绘制城内建筑、道路和水系等。

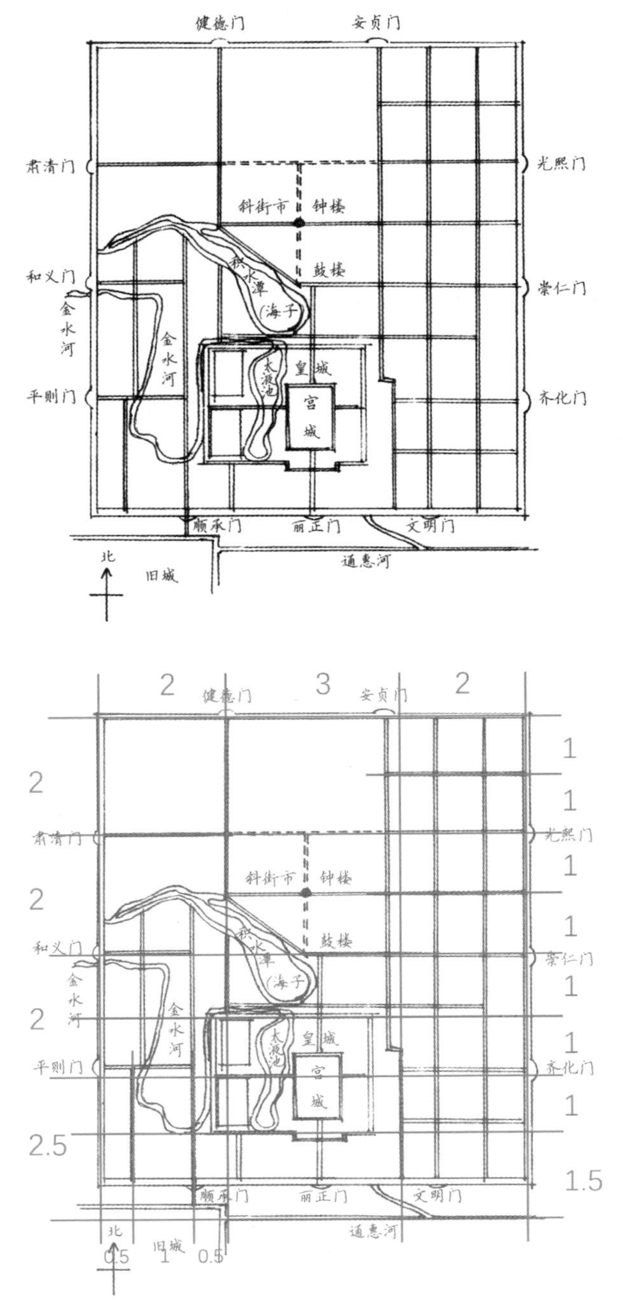
健德门
安贞门
肃清门
光熙门
斜街市
钟楼
鼓楼
和义门
崇仁门
积水潭
(海子
金水河
金水河
太液池
皇城
宫城
平则门
齐化门
顺承门
丽正门
文明门
通惠河
北
旧城
2
3
2
1
1
2
1
2
1
1
2
1
2.5
1
1.5
0.5
1
0.5

图1-7　元大都总平面图

清北京城

清北京城由外城、内城、皇城与宫城四部分组成，形成一个“凸”字形。城内有一条全长约7.5千米的中轴线贯穿南北。以外城的南门（永定门）为起点，经过内城的南门（正阳门）、皇城的天安门、端门，以及紫禁城的午门，然后穿过大小六座门和七座宫殿，出神武门越过景山和地安门，最终止于北端的鼓楼和钟楼。轴线两侧分别布置了天坛、先农坛、太庙和社稷坛等建筑群。内城街巷、水系基本沿用元大都的规划。两条南北主干道分别自崇文门和宣武门起直达北城墙，避开了中央皇城，且平行于中轴线。其余街道均与主干道连接，但东西方向道路受阻于皇城，交通不便。城市规划遵循传统礼制，符合“左祖右社、前朝后市”的格局，是《考工记》营国制度和历代都城规划的集大成者。

绘图步骤：

总平面图

（1）绘制长宽比为8：3和7：5.2的两个矩形辅助框；

（2）按如图所示比例绘制辅助线；

（3）从外至内绘制城墙和城门，再补充绘制城内外建筑、道路和水系等。

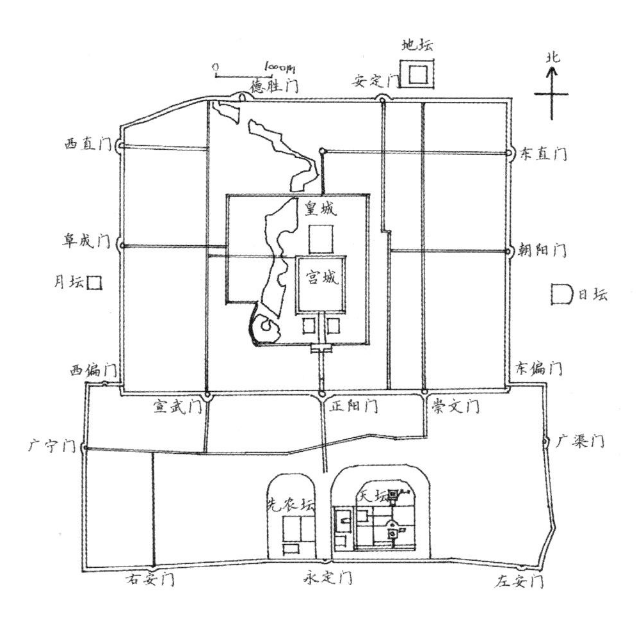

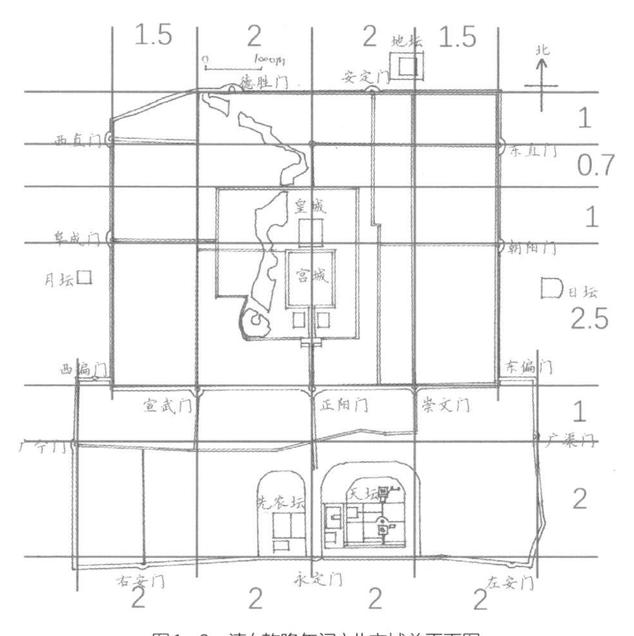

图1-8　清(乾隆年间)北京城总平面图

二、住宅与聚落

陕西临潼仰韶文化村遗址

仰韶文化时期的氏族多选择河流两岸高亢的台地作为农耕生活的定居场所，便于耕种、放牧和交通。此时，村落建设已初步具有统一规划，如陕西临潼姜寨的仰韶文化村遗址。其聚落周围由人工壕沟环绕，五组建筑群环绕中心广场，形成组团式自由分布。每组建筑群中由一个形体相对方正的大房子以及散落其周围的若干圆形或方形的小房子组成。房屋墙壁和屋顶多采用木骨架上扎结树枝后涂泥的做法，内部堆砌火炕和休息用的土台。

绘图步骤：

平面图

（1）绘制长宽比为4：4的矩形辅助框；

（2）按如图所示比例绘制辅助线；

（3）根据网格定位绘制围墙和五个分区，再补充绘制房子、墓葬等。

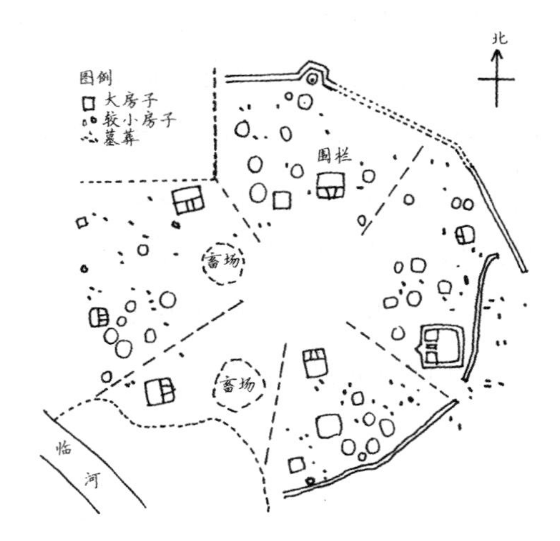

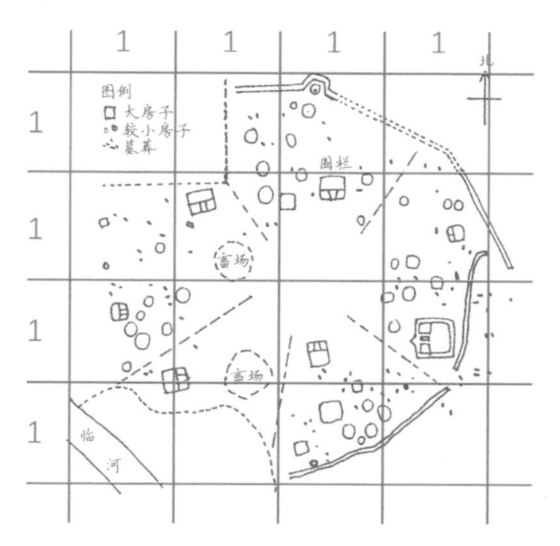

图2-1 陕西临潼仰韶文化村遗址平面图

陕西岐山凤雏村遗址

陕西岐山凤雏村遗址是早周时期的一座两进院落的四合院，为我国目前已知的最早、最规整的四合院建筑实例。其南北通深约45.2米，东西通宽32.5米，建于1.3米高的夯土台面上。中轴线上依次为影壁、大门、前堂和后室。其中，前堂与后室之间用廊道连接；门、堂、室的两侧由通长的厢房连接，围合形成封闭院落。院落外围设有檐廊。同时，地基下设排水陶管和卵石垒叠的暗沟，用于排出屋顶和院内雨水。建筑中出现少量瓦的使用痕迹，标志着我国古代建筑进入由茅茨土阶向瓦屋过渡的阶段。

绘图步骤：

平面图

（1）绘制长宽比为10：6的矩形辅助框；

（2）按如图所示比例绘制辅助线；

（3）从下至上绘制影壁、大门、前堂、穿廊、后室以及外围厢房和檐廊，再补充绘制台阶、柱子等。

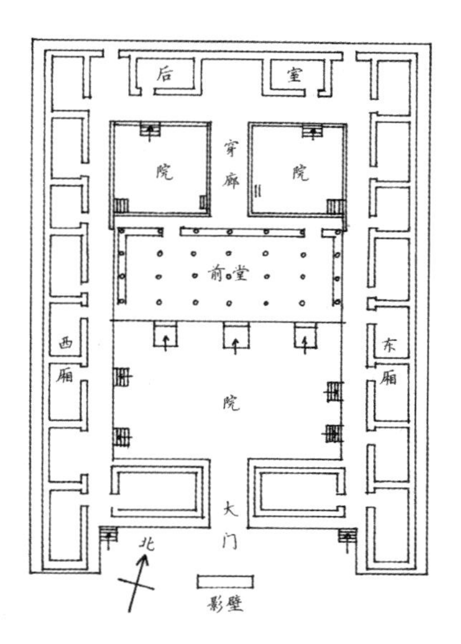

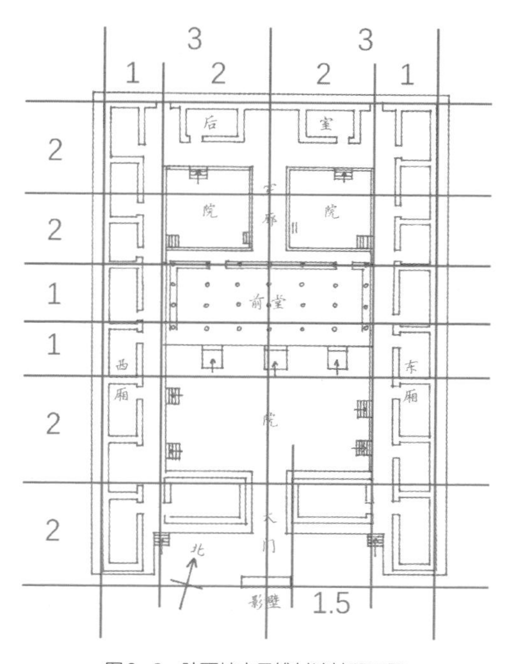

图2-2 陕西岐山凤雏村遗址平面图

北京四合院

北京四合院是北方地区典型的院落式住宅，是由数量不等的院落串联或并联形成多进或多跨的中轴对称组合式院落。以最常见的三进院为例，其由前院、内院和后院三部分组成，整体建筑布局呈中轴线对称。大门位于院落东南角，入门后正对影壁。大门右侧为私塾，左侧为倒座儿。前院主要用于接待、会客。内院和前院以中轴线上的垂花门为分隔，经过垂花门进入内院。内院为家庭主要活动场所，其正北设正房，长辈起居用，东西为厢房，供晚辈起居用，正房两侧的低矮房屋为耳房，院内设的抄手游廊将正房、厢房与垂花门连接。最后经第三道门进入后院，设置厨房、仆役住房、贮藏室、后门、井等生活服务功能。

绘图步骤：

平面图

（1）绘制长宽比为12.5：7的矩形辅助框；

（2）按如图所示比例绘制辅助线；

（3）从下至上绘制三进院围墙和房间，再补充绘制台阶、柱子和门窗等。

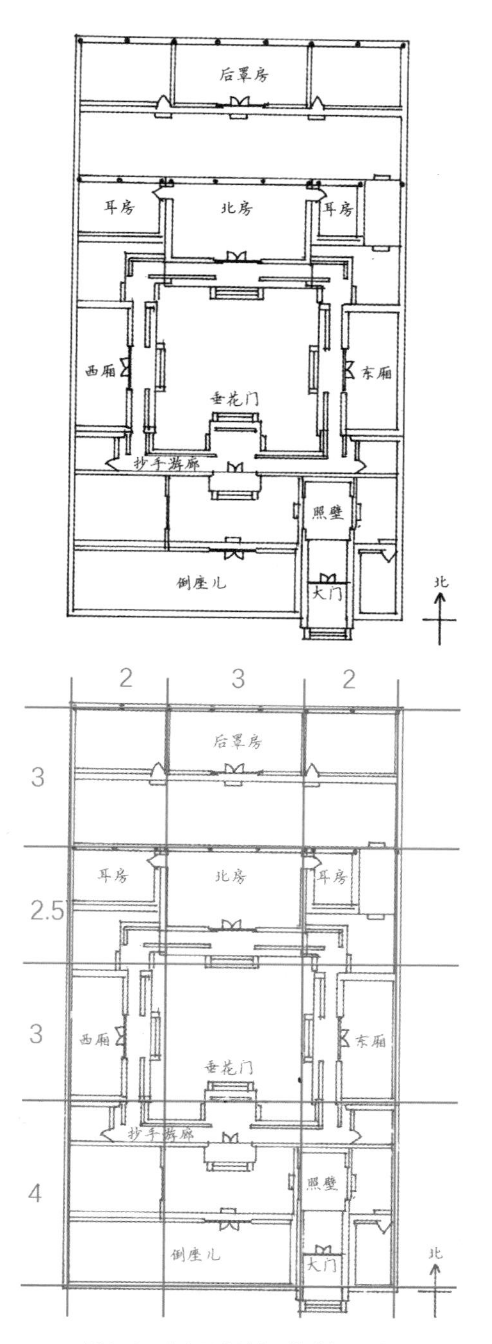

图2-3　北京四合院（三进院）平面图

窑洞

窑洞由原始社会穴居中的横穴演变而来，以天然土起拱，具有冬暖夏凉、易施工、经济适用、节省耕地等优点，以及通风欠佳、施工周期较长、阴暗潮湿等缺点。由于我国华北和西北黄土高原，以及干旱炎热的吐鲁番市，其黄土层深厚，土质疏松，气候干燥，便于开挖，因此，窑洞多分布于上述区域。其主要分为靠崖窑、天井窑和覆土窑三种基本类型。

绘图步骤：

平面、剖面示意图

（1）靠崖窑注意与等高线的位置关系；

（2）天井窑的窑洞居室都分布于中间天井院的周围；

（3）覆土窑排列最为工整，屋顶覆土较薄。

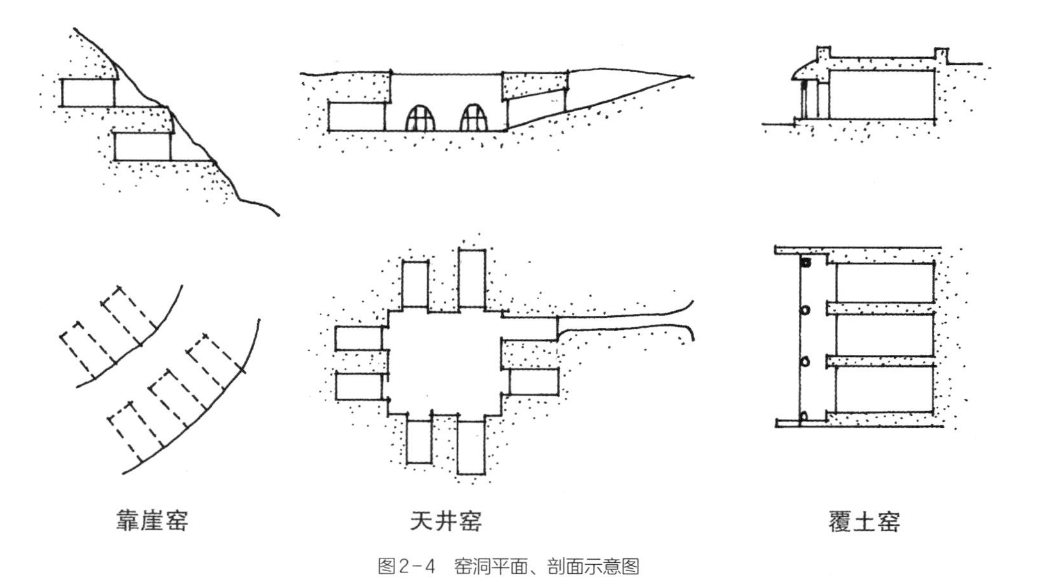

图2-4　窑洞平面、剖面示意图

福建永定客家土楼

岭南山区的客家先民为从黄河、淮河及长江流域迁徙至此的汉民，其居住形式多为同楼聚居。住宅由土夯筑，故称为土楼。土楼平面多为圆形或方形，中轴对称，以祠堂为中心，向心而居。外墙牢固厚实，对外开箭窗，外小内大，满足防卫需求。建筑内部采用活动式屏门、隔扇，向内出跳檐口，利于通风和防晒。以典型的福建永定客家土楼中的承启楼为例。其为内通廊式圆形土楼，建于清顺治元年（公元1644年），外径长62.6米，以四个同心圆环形建筑（外环为四层，二环为两层，三环为单层，四环为环形回廊和祠堂）组成。为保证采光，建筑高度由外向内逐渐降低。各层以内部单面走廊为通道，共设四部楼梯、一个正门和两个边门。每个开间一至四层为一户。

绘图步骤：

平面图

（1）绘制长宽比为4∶4的矩形辅助框；

（2）按如图所示比例绘制辅助线；

（3）从内至外绘制四个同心圆环形建筑，再补充绘制入口、墙体和楼梯等。

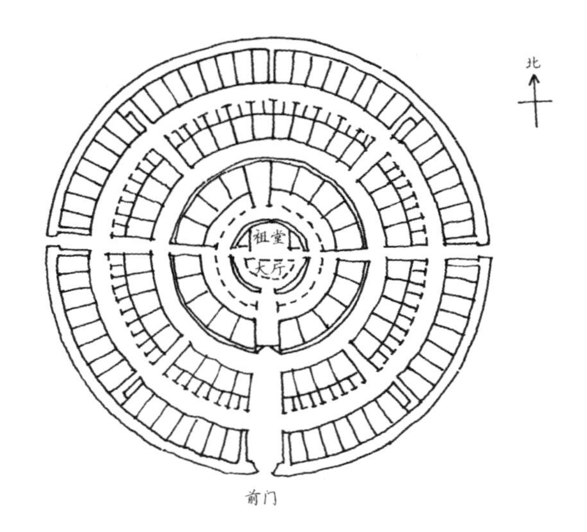

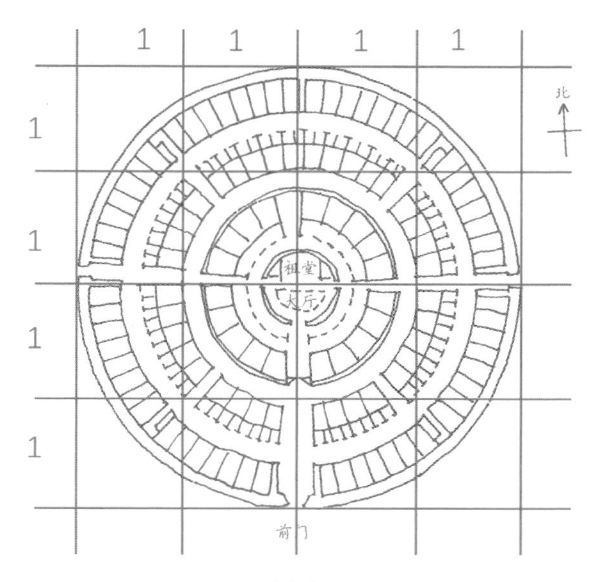

图2-5 福建永定客家土楼承启楼平面图

云南『一颗印』

“一颗印”是云南昆明地区汉族、彝族普遍采用的民居形式，因正房、耳房（厢房）与围墙围合成正方如印的形式而得名。其中，以“三间四耳倒八尺”的格局最为典型。“三间”指三间正房，“四耳”指左右各两间耳房。大门居中，门内设深“八尺”（约2.7米）的倒座儿或门廊。房屋梁架结构多为穿斗式，外墙为土坯高墙，开窗较少。

绘图步骤：

平面图

（1）分别绘制长宽比为3.2：2.6的两个矩形辅助框；

（2）按如图所示比例绘制辅助线；

（3）从外至内绘制各层的墙体和柱子，再补充绘制各层楼梯、门等。

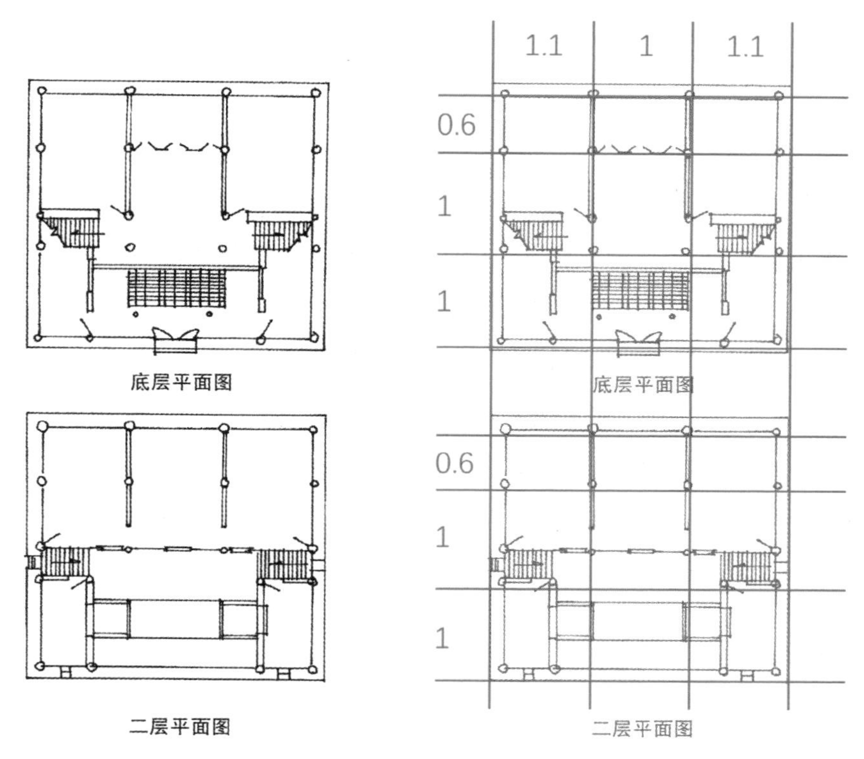

图2-6-1 云南“一颗印”平面图

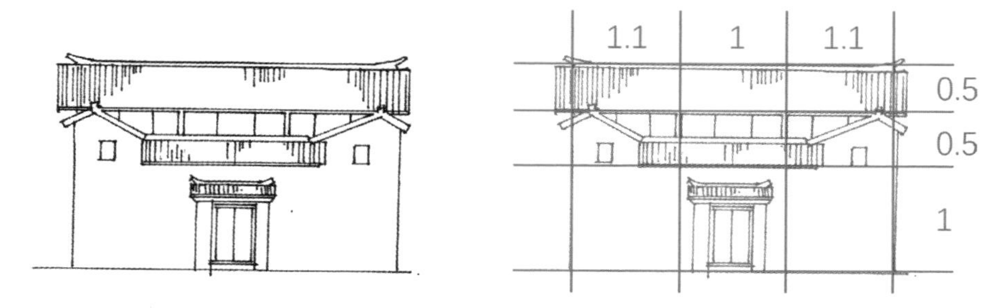

图2-6-2 云南“一颗印”立面图

立面图

（1）绘制长宽比为3.2：2的矩形辅助框；

（2）按如图所示比例绘制辅助线；

（3）从上至下绘制屋顶、外墙和门窗，再补充绘制屋檐、踏步等。

三、宫殿

偃师二里头一号宫殿遗址

偃师二里头一号宫殿遗址为夏末都城——斟鄩遗址中发现的规模最大的宫殿，也是至今发现的我国最早的规模较大的木架夯土建筑和庭院实例。建筑夯土台残高0.8米，东西长约108米，南北长约100米。宫殿面阔八间，进深三间，建筑面积约350平方米。殿内柱列整齐，相互对应，间距统一，柱径达0.4米。由此反映出，当时木构架技术已有较大提高。殿堂四周环绕回廊，围合形成不规则的封闭庭院。入口大门位于院落南侧，与殿堂未在同一轴线上。

绘图步骤：

平面图

（1）绘制长宽比为10：9的矩形辅助框；

（2）按如图所示比例绘制辅助线；

（3）从外至内绘制庭院轮廓、回廊和柱子，再根据网格定位补充绘制殿身、台基等。

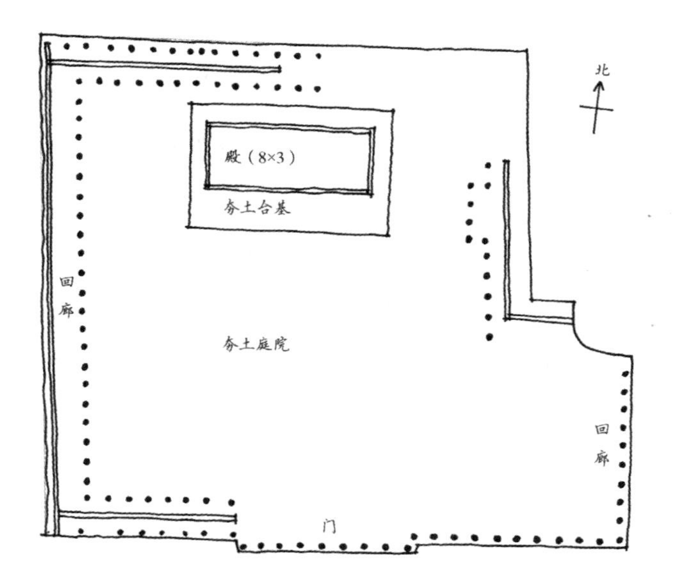

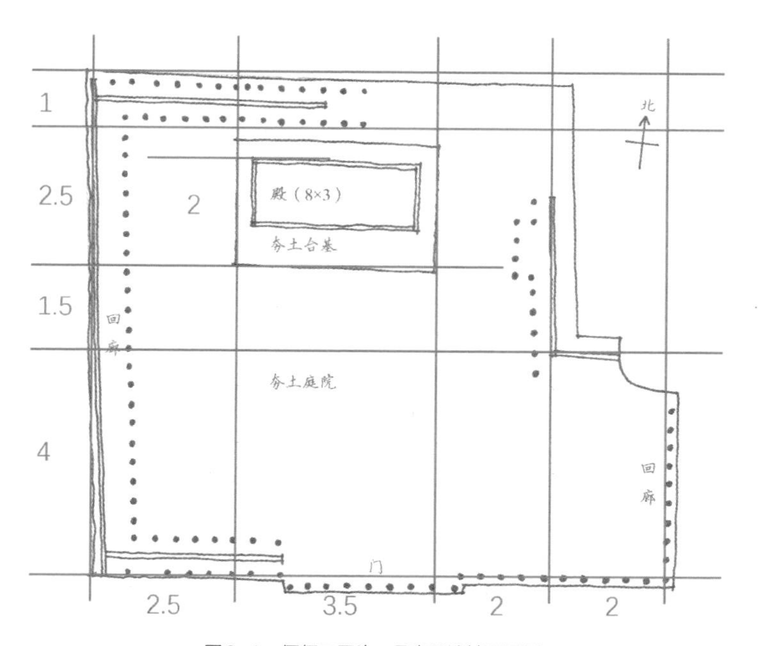

图3-1　偃师二里头一号宫殿遗址平面图

唐长安大明宫

大明宫位于今西安北侧的龙首原，始建于唐太宗贞观八年（公元634年），占地面积约3.2平方千米，约为明清北京紫禁城面积的4.5倍。大明宫总平面略成梯形，分外朝和内廷两大部分，为传统的“前朝后寝”格局。外朝由南面正中位置的丹凤门进入，包括含元殿、宣政殿和紫宸殿三殿，主要用于朝会；内廷以太液池为中心，布置殿阁楼台共三十四处，其中麟德殿为主殿，功能以游宴居住为主。

绘图步骤：

总平面图

（1）分别绘制长宽比为3：3和3.5：2的两个矩形辅助框；

（2）按如图所示比例绘制辅助线；

（3）分上下两部分绘制城墙和城门，再补充绘制城内外建筑、水系等。

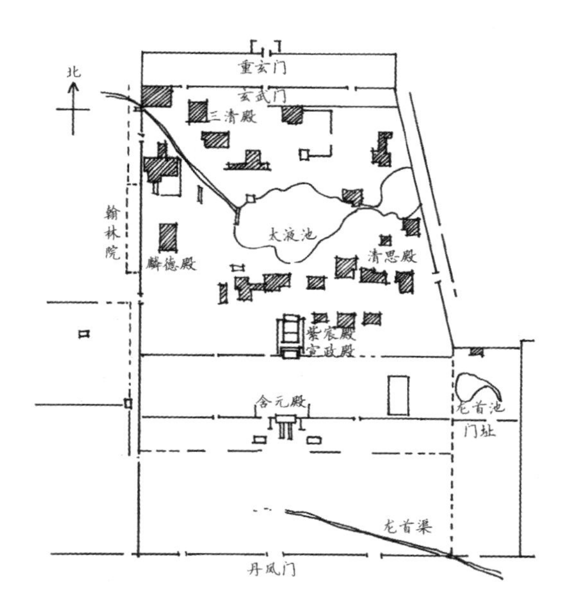

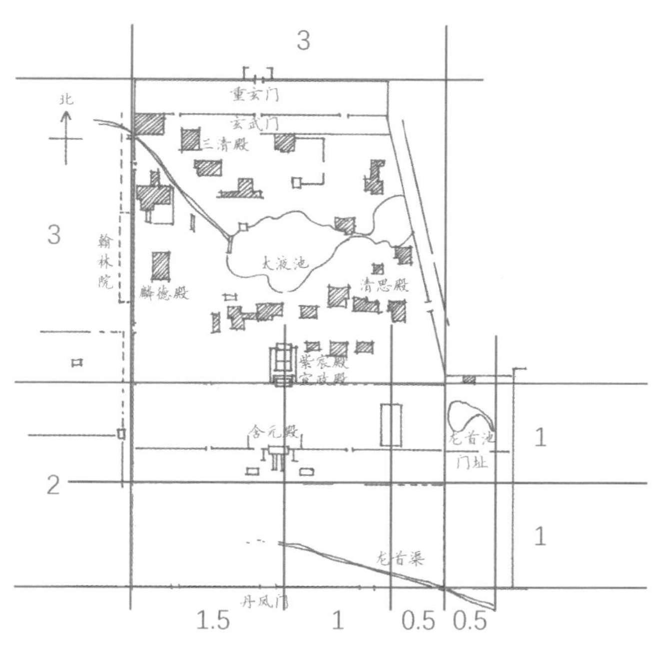

图3-2　唐长安大明宫总平面图

北京故宫

北京紫禁城为明清两朝的宫城，现统称为故宫，始建于明永乐四年（公元1406年），于清代多次进行改建、重建，但建筑大体仍保持明代旧貌。紫禁城东西宽约760米，南北深约960米，四周由护城河环绕。整体布局呈中轴对称，以大清门为起点，在1.6千米的轴线上，遵循“左祖右社”“前朝后寝”和三朝（外朝—太和殿、治朝—中和殿和燕朝—保和殿）五门（皋门—天安门、库门—端门、雉门—午门、应门—太和门和路门—乾清门）的规制，择中立宫。紫禁城分为外朝和内廷两部分，以乾清门为界。外朝主殿太和殿供朝堂政务、庆典等活动使用；内廷以皇帝正寝乾清宫为中心，中路左右布置嫔妃寝宫，东路、西路为皇帝长辈、晚辈的居所和各类服务机构。

绘图步骤：

总平面图

（1）绘制长宽比为4∶13的矩形辅助框；

（2）按如图所示比例绘制辅助线；

（3）从下至上依次绘制城墙、城门、建筑和景观等。

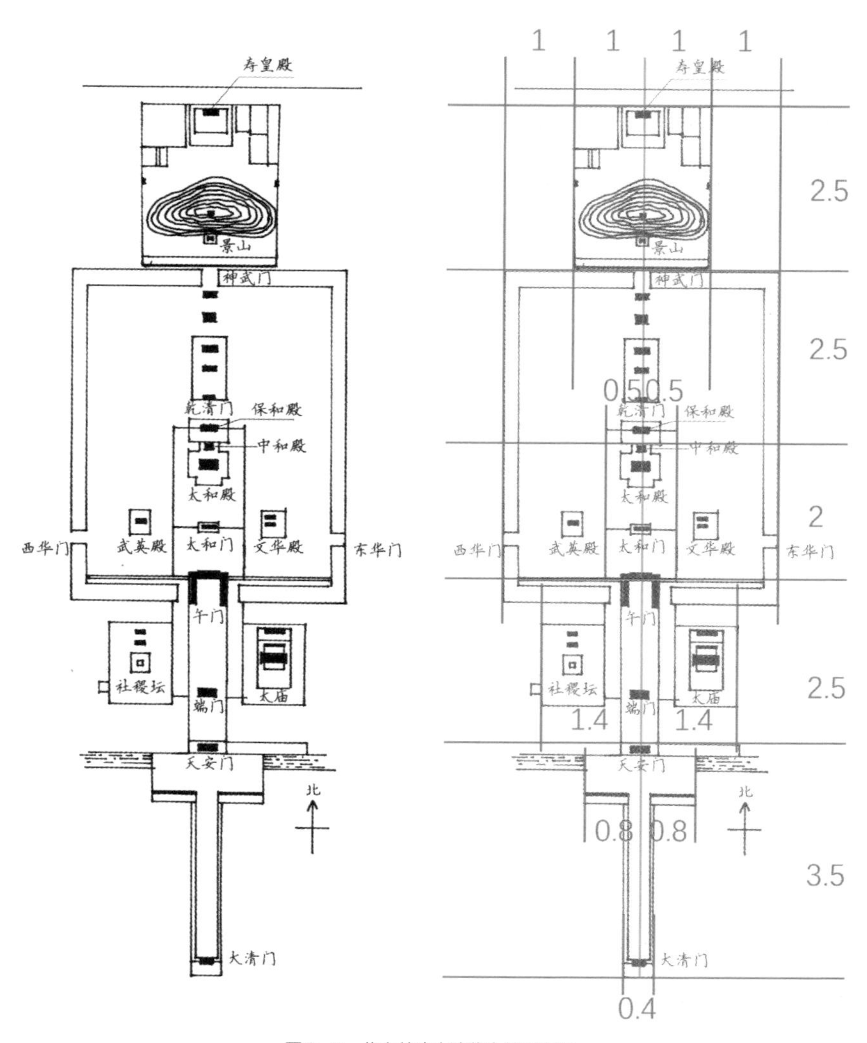

图3-3　北京故宫（清代）总平面图

北京故宫太和殿

太和殿始建于明永乐十八年（公元1420年），后历经数次修缮，现存为清康熙年间重建。其位于北京故宫中央，供皇帝举行重大朝典之用，是我国现存规制最高的古代殿堂。太和殿面阔十一间，进深五间十二架椽；平面为金厢斗底槽，建筑面积2377平方米。其上覆黄琉璃瓦重檐庑殿顶，下承三层汉白玉须弥座台基。斗拱为上檐九踩，下檐七踩，屋脊布走兽11件。殿内绘制金龙和玺彩画，规格均为殿堂中最高等级。

绘图步骤：

平面图

（1）绘制长宽比为5.4∶3的矩形辅助框；

（2）按如图所示比例绘制辅助线；

（3）绘制墙体和柱子，再补充绘制台基、台阶等。

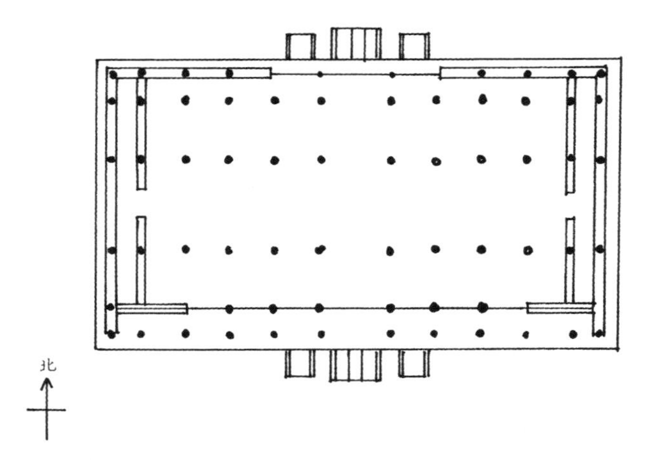

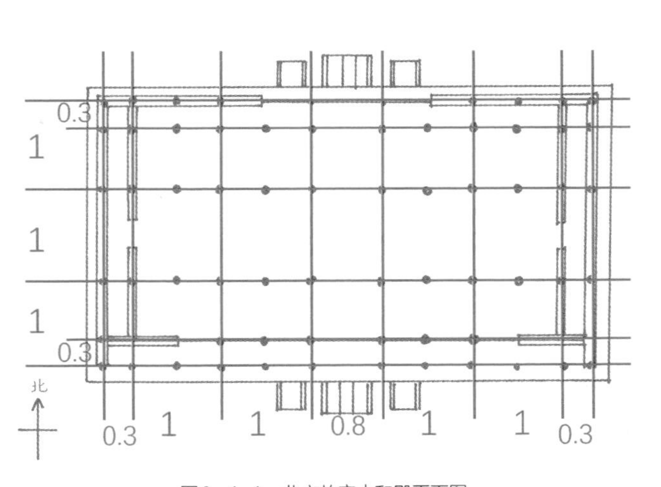

图3-4-1　北京故宫太和殿平面图

立面图

（1）绘制长宽比为8：3的矩形辅助框；

（2）按如图所示比例绘制辅助线；

（3）分上、中、下三部分绘制殿顶、重檐和殿身，再补充绘制台基、门窗、柱子和屋脊等。

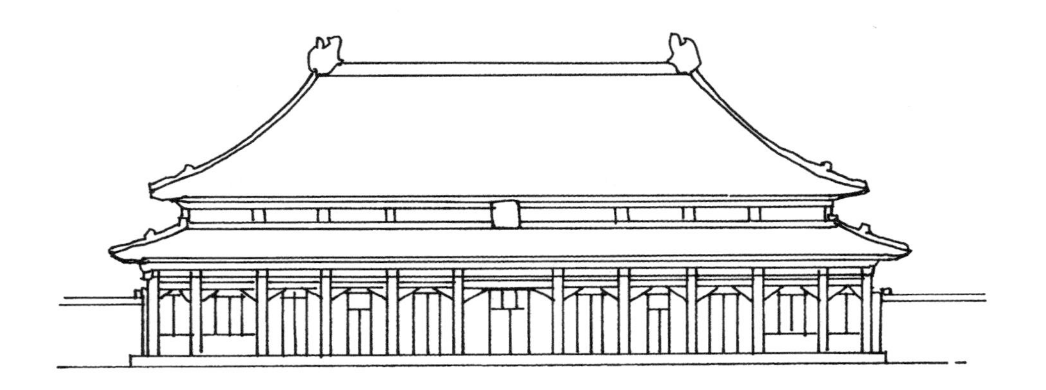

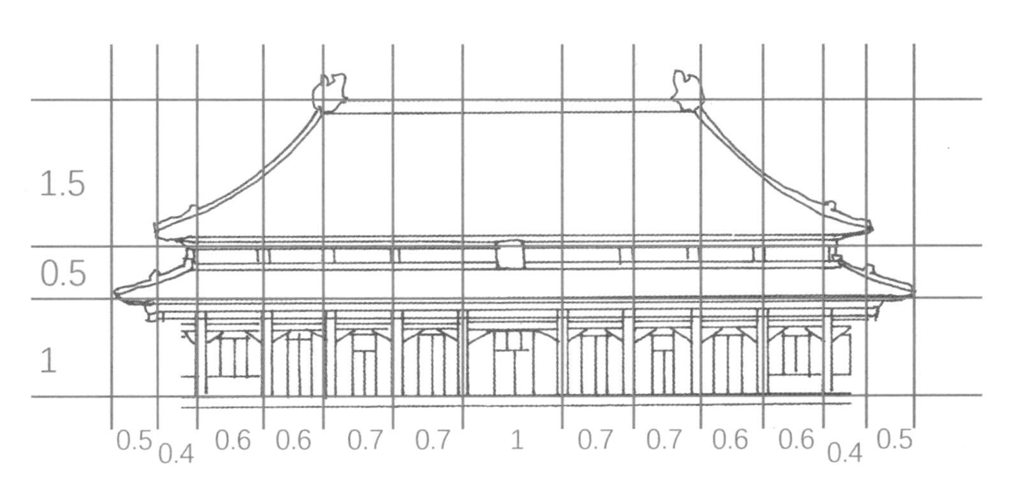

图3-4-2 北京故宫太和殿立面图

四、坛庙

北京天坛

天坛位于正阳门外东侧，是明清两代皇帝祭天、祈年的场所，于明永乐十八年（公元1420年）修建完成，后经明清两代修缮。内外设两重围墙，均采用上圆下方（北圆南方）的平面组合形式。入口位于西侧，经1千米甬道后到达圜丘、丹陛桥和祈年殿所在的主轴线。神乐署和牺牲所位于两重围墙之间，甬道南侧，用于演习礼乐和饲养祭祀牲畜。斋宫位于内墙入口南侧，坐西向东，供皇帝斋戒使用。

绘图步骤：

总平面图

（1）绘制长宽比为9.5：9的矩形辅助框；

（2）按如图所示比例绘制辅助线；

（3）根据网格定位绘制围墙和建筑，再补充绘制道路等。

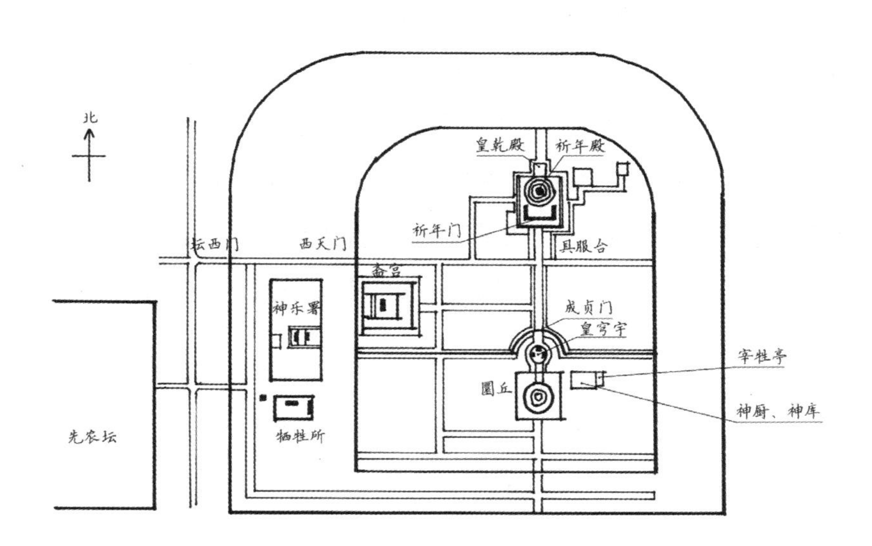

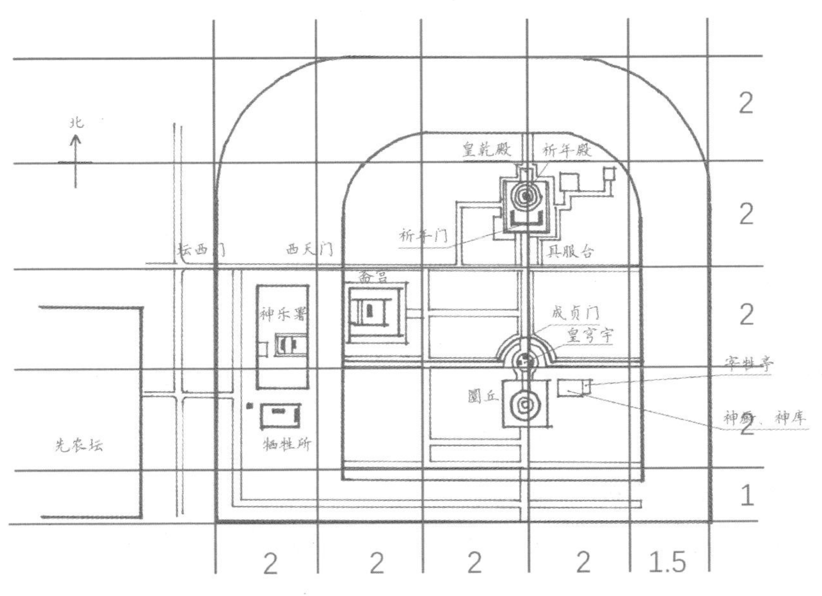

图4-1　北京天坛总平面图

北京天坛祈年殿

祈年殿始建于明永乐十八年（公元1420年），后经历了多次拆除、重建和改建，是明清两代皇帝孟春祈谷之所。三层祈谷坛高6米，直径91米。大殿为青色三重檐攒尖顶，外墙共用28根楠木大柱。殿内无大梁和长檩，屋顶以柱和枋承重。三层屋檐相应设置三层天花，中间设置龙凤藻井。殿内梁枋施龙凤和玺彩画。殿周有矮墙一重，南侧设祈年门。殿北建面阔五间的皇乾殿，存放“天帝神主”和祖先牌位。

绘图步骤：

平面图

（1）绘制长宽比为5：3.4的矩形辅助框；

（2）按如图所示比例绘制辅助线；

（3）中轴对称绘制围墙、大门和宫殿，再补充绘制附属建筑、台基和台阶等。

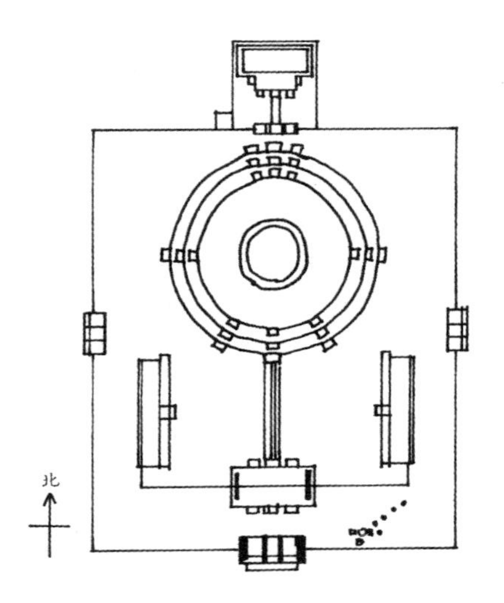

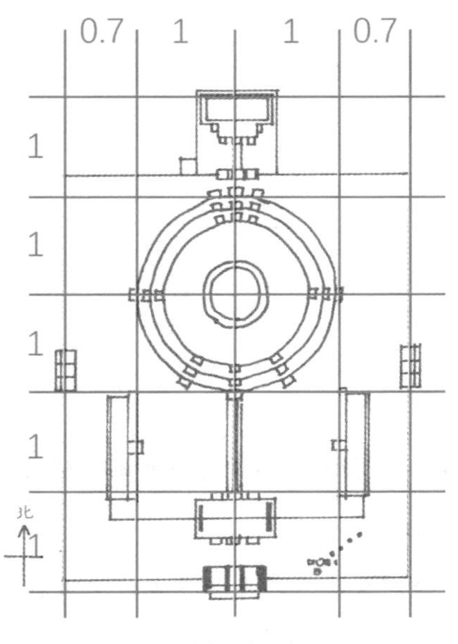

图4-2-1　北京天坛祈年殿平面图

阶、门窗和屋脊等。

立面图

（1）分别绘制长宽比为14.5：1和4.5：4.4的两个矩形辅助框；

（2）按如图所示比例绘制辅助线；

（3）分上、中、下三部分绘制台基、殿身和三重檐，再补充绘制台阶、门窗和屋脊等。

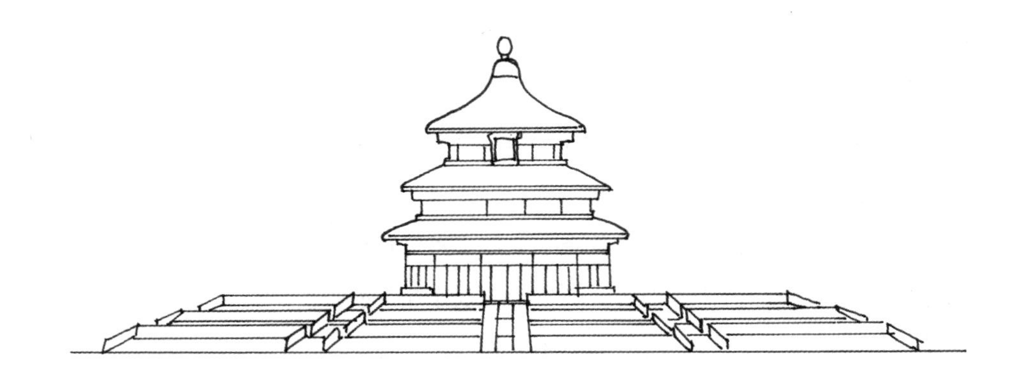

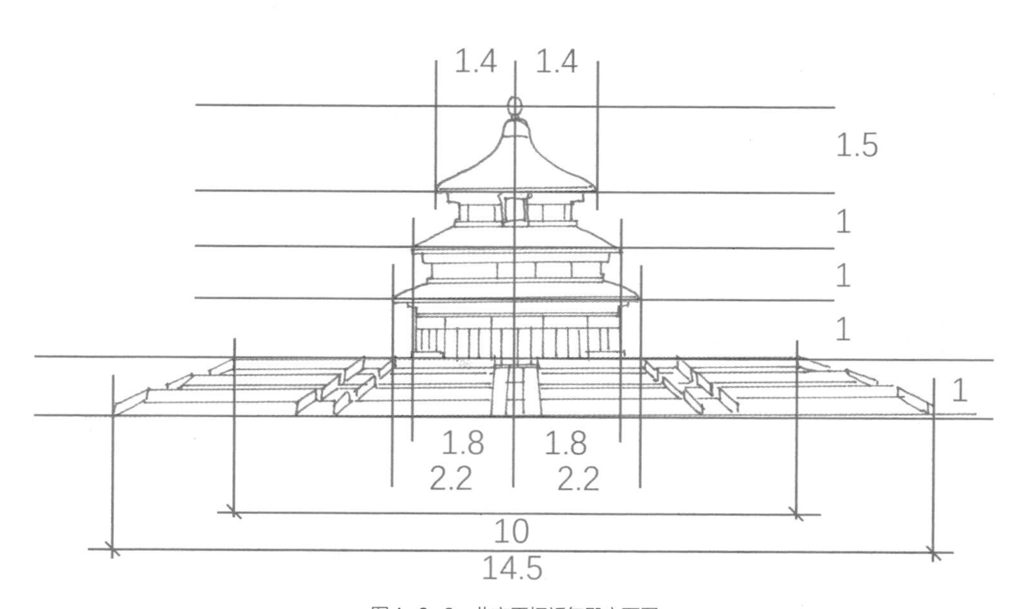

图4-2-2 北京天坛祈年殿立面图

北京天坛圜丘、皇穹宇组群

圜丘始建于明嘉靖九年（公元1530年），后于清乾隆十四年（公元1749年）在明代坛基上扩建，是供皇帝冬至日祭天的场所。圜丘为三层露天圆台，直径分别为九丈、十五丈和二十一丈（一丈约等于3.33米）。三层之和为四十五丈，即是九的倍数，还含有“九王之尊”之意。各层所设汉白玉栏杆和扇形铺地石板数目均为9的倍数。环绕坛四周的壝墙分为内外两层，均1米多高，内层为圆形，外层为方形，象征“天圆地方”。

皇穹宇位于坛壝以北，于清乾隆十七年（公元1752年）将重檐攒尖顶改建为现存的单檐攒尖顶，内供“昊天上帝”的牌位。其左右建偏殿两座，偏殿面阔五间，单檐歇山顶。

绘图步骤：

平面图

（1）绘制长宽比为8.6：5.4的矩形辅助框；

（2）按如图所示比例绘制辅助线；

（3）分别绘制皇穹宇的围墙、大门和宫殿，以及圜丘的围墙、大门和台基，再补充绘制附属建筑、台阶等。

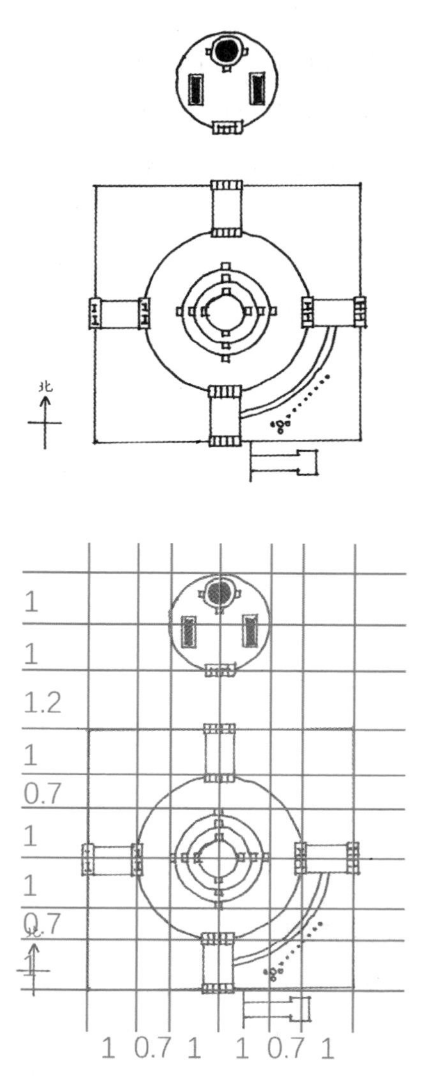

图4-3 北京天坛圜丘、皇穹宇组群平面图

北京社稷坛

北京社稷坛建于明永乐十九年（公元1421年），是明清皇帝祭祀土地神、五谷神之处。主体建筑由一座方形坛和北侧两座面阔五间的殿宇（拜殿和戟门）组成。天气晴朗时露天祭祀，雨雪天则进入室内行祭。坛共三层，坛面上铺五色土，象征东、西、南、北和中天五方之土均归皇帝所有。坛外设壝墙一周，壝墙四面正中各有一座汉白玉石的棂星门，墙面颜色按方位分为青、赤、白、黑四色。

绘图步骤：

平面图

（1）绘制长宽比为5.2：5的矩形辅助框；

（2）按如图所示比例绘制辅助线；

（3）中轴对称绘制壝墙、大门、坛基和宫殿，再补充绘制附属建筑等。

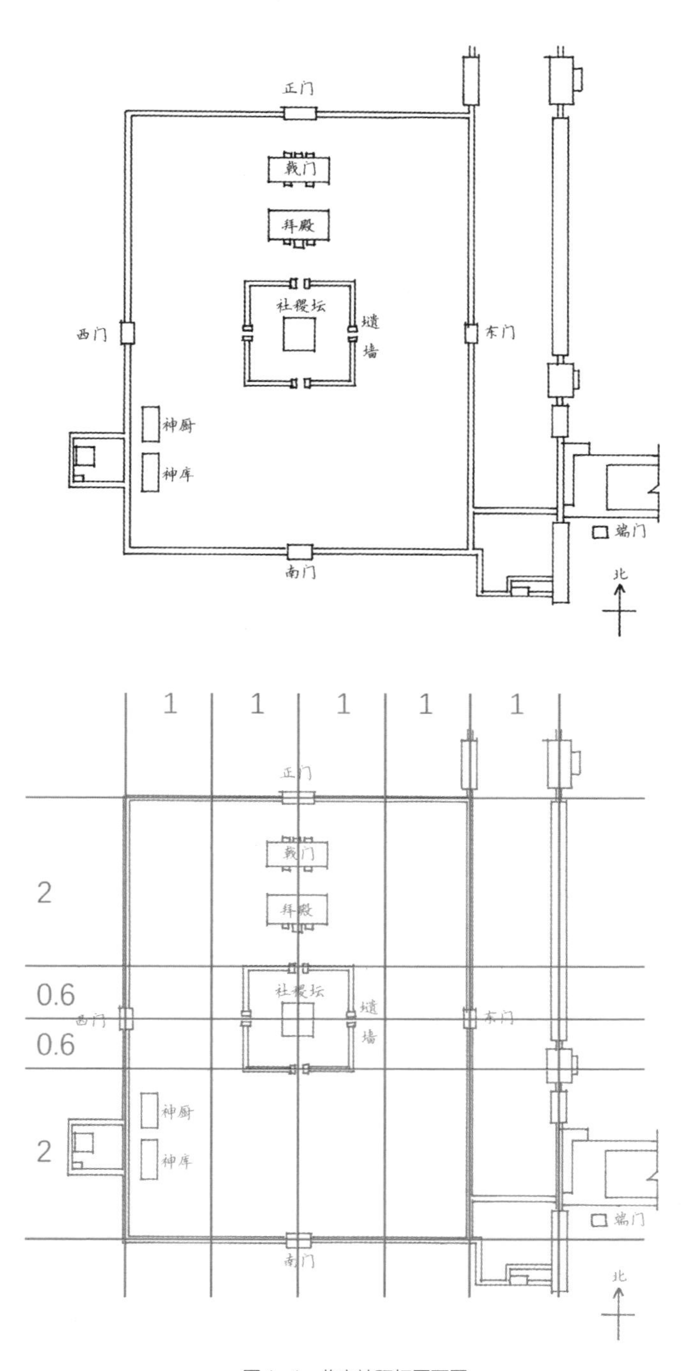

图4-4 北京社稷坛平面图

北京太庙

北京太庙始建于明永乐年间，后于明嘉靖时重建，为明清两代皇帝祭祖之处。主体建筑由正殿、寝殿和祧庙三部分构成。前设庙门和五开间戟门，两侧设东西配殿。现存正殿面阔十一间，与太和殿规格相同，为最高等级殿宇。

绘图步骤：

平面图

（1）绘制长宽比为7：5.4的矩形辅助框；

（2）按如图所示比例绘制辅助线；

（3）中轴对称绘制围墙、大门和宫殿，再补充绘制附属建筑、台阶和道路等。

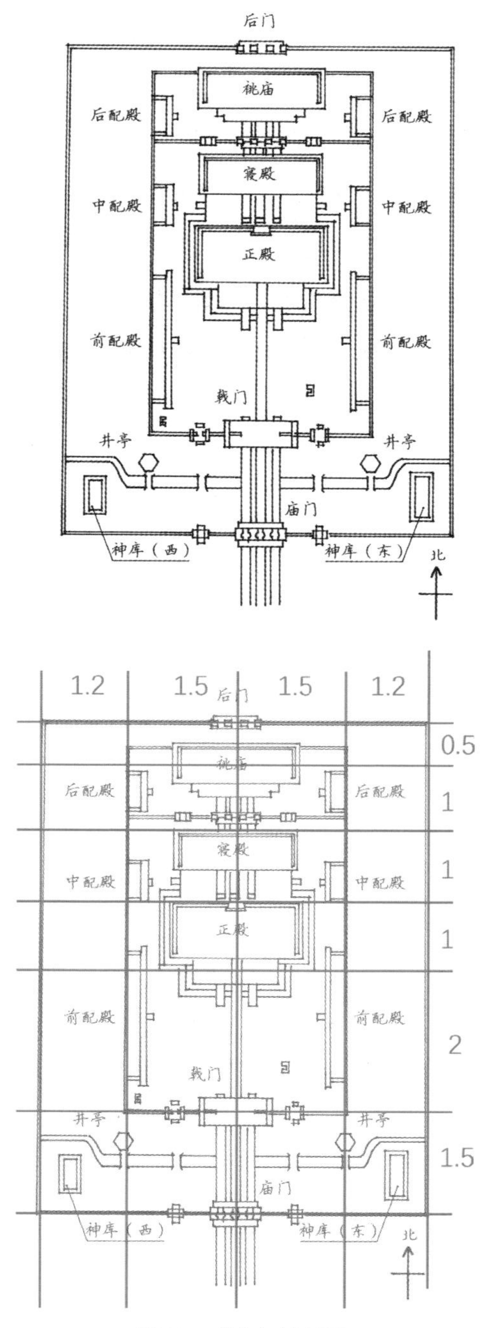
后门
祧庙
后配殿
后配殿
寝殿
中配殿
中配殿
正殿
前配殿
前配殿
戟门
井亭
井亭
庙门
神库（西）
神库（东）
北
1.2
1.5
1.5
1.2
0.5
1
1
1
2
1.5

图4-5　北京太庙平面图

山西太原晋祠圣母殿

晋祠位于山西省太原市南郊悬瓮山麓，坐西向东。圣母殿为祠内主体建筑，重修于北宋崇宁元年（公元1102年）。殿身面阔五间，进深四间，前檐廊深两间，殿内深三间六架椽。圣母殿是现存宋代建筑中平面唯一采用单槽副阶周匝的实例。其屋顶为重檐歇山顶，室内屋架作减柱处理，内部空间无柱，上部做彻上露明造。大殿柱身有明显的侧脚和生起，檐口和屋脊呈柔和曲线，展现出典型的北宋建筑风格。

绘图步骤：

平面图

（1）绘制长宽比为7.8：6.6的矩形辅助框；

（2）按如图所示比例绘制辅助线；

（3）绘制台基、柱子和墙体，再补充绘制围栏、门窗和佛座等。

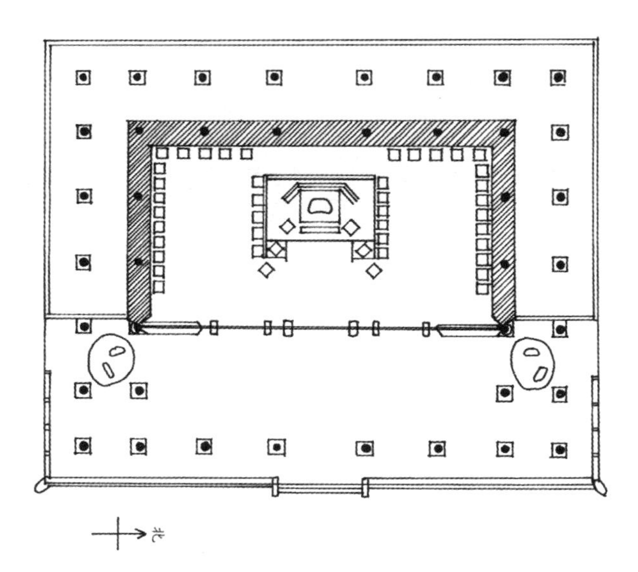

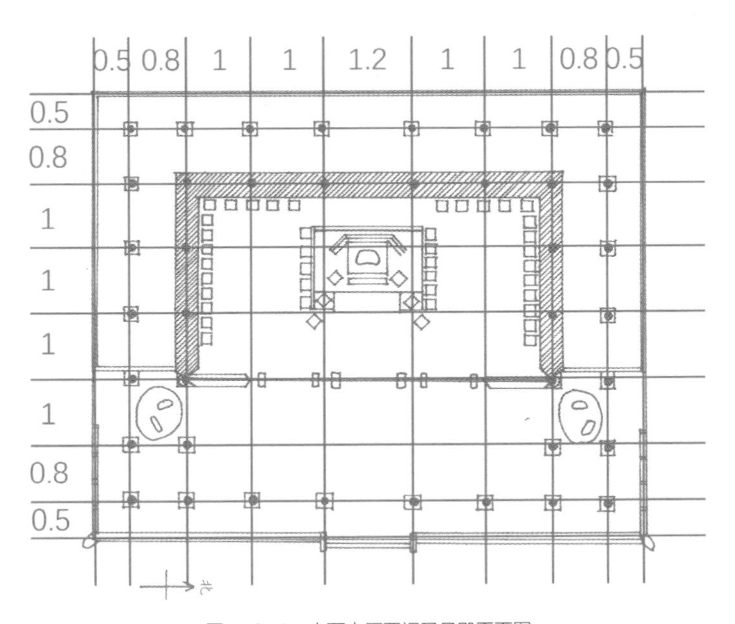

图4-6-1　山西太原晋祠圣母殿平面图

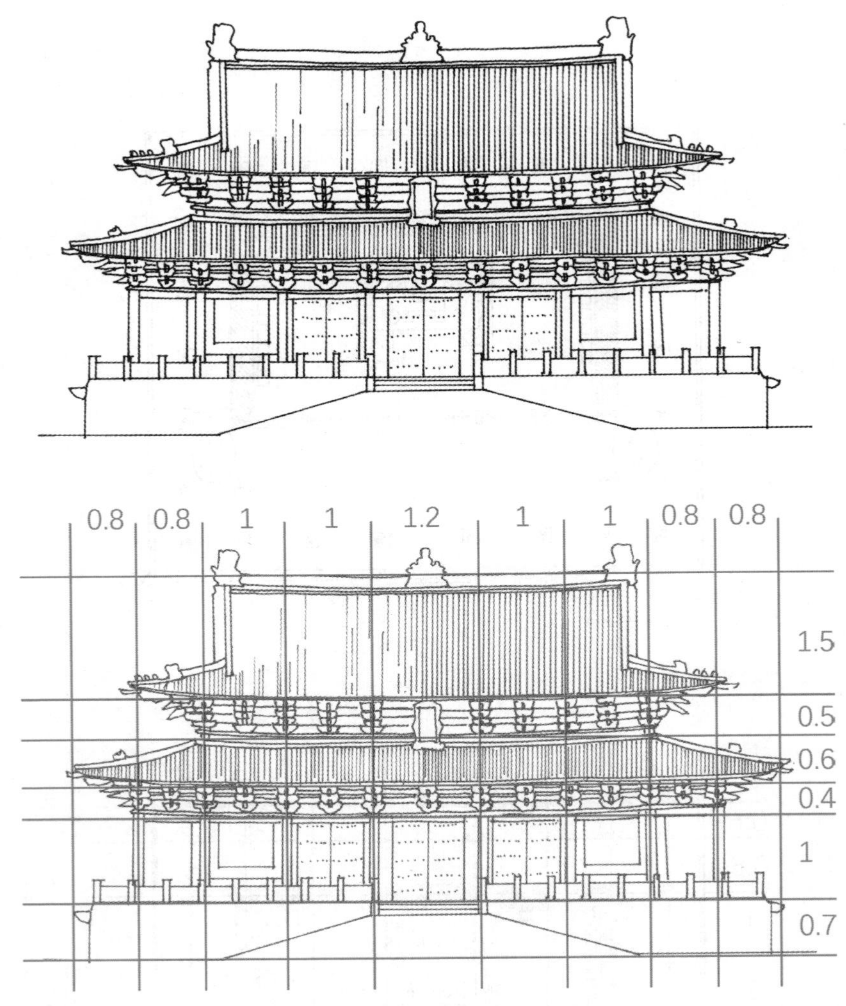

图4-6-2 山西太原晋祠圣母殿立面图

立面图

（1）绘制长宽比为8.4：4.7的矩形辅助框；

（2）按如图所示比例绘制辅助线；

（3）分上中下三部分绘制为台基、殿身和重檐，再补充绘制柱子、门窗、围栏、斗拱、屋脊等。

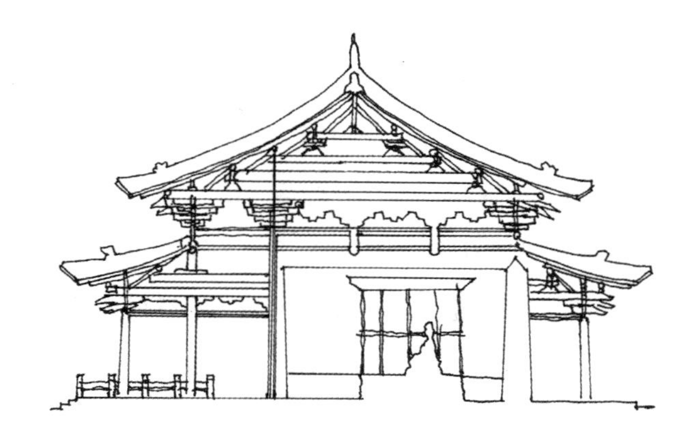

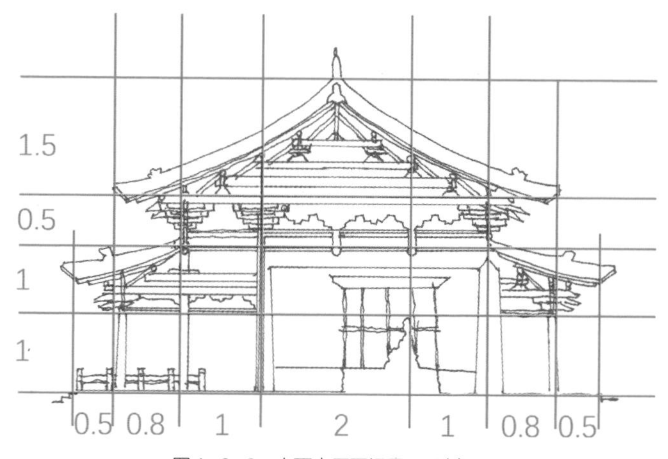

图4-6-3 山西太原晋祠圣母殿剖面面

剖面图

（1）绘制长宽比为6.6：4的矩形辅助框；

（2）按如图所示比例绘制辅助线；

（3）分上下两部分绘制屋檐和柱子，再补充绘制斗拱、梁枋、佛像、窗户、台阶等。

曲阜孔庙

曲阜孔庙由孔子居所发展而来，经过多朝增建、修理，至明代基本形成现有格局。总平面南北长约644米，东西约147米，占地约9.6万平方米。沿南北中轴线布置九进院落，前三进院为前导部分，从第四进大中门起进入孔庙主体部分。建筑布局可分为三路，中路设大成门、杏坛、大成殿、寝殿及两庑等，为祭祀孔子及先儒、先贤的场所；东路为祭祀孔子上五代祖先的场所；西路为祭祀孔子父母的场所。孔庙主殿大成殿面阔九间，其屋顶为重檐歇山顶，覆黄色琉璃瓦，为全庙最高建筑。

绘图步骤：

总平面图

（1）绘制长宽比为12.2：3的矩形辅助框；

（2）按如图所示比例绘制辅助线；

（3）以牌坊——大中门——大成门——寝殿为轴线节点，从下至上绘制两侧建筑，再补充绘制围墙、大门和道路等。

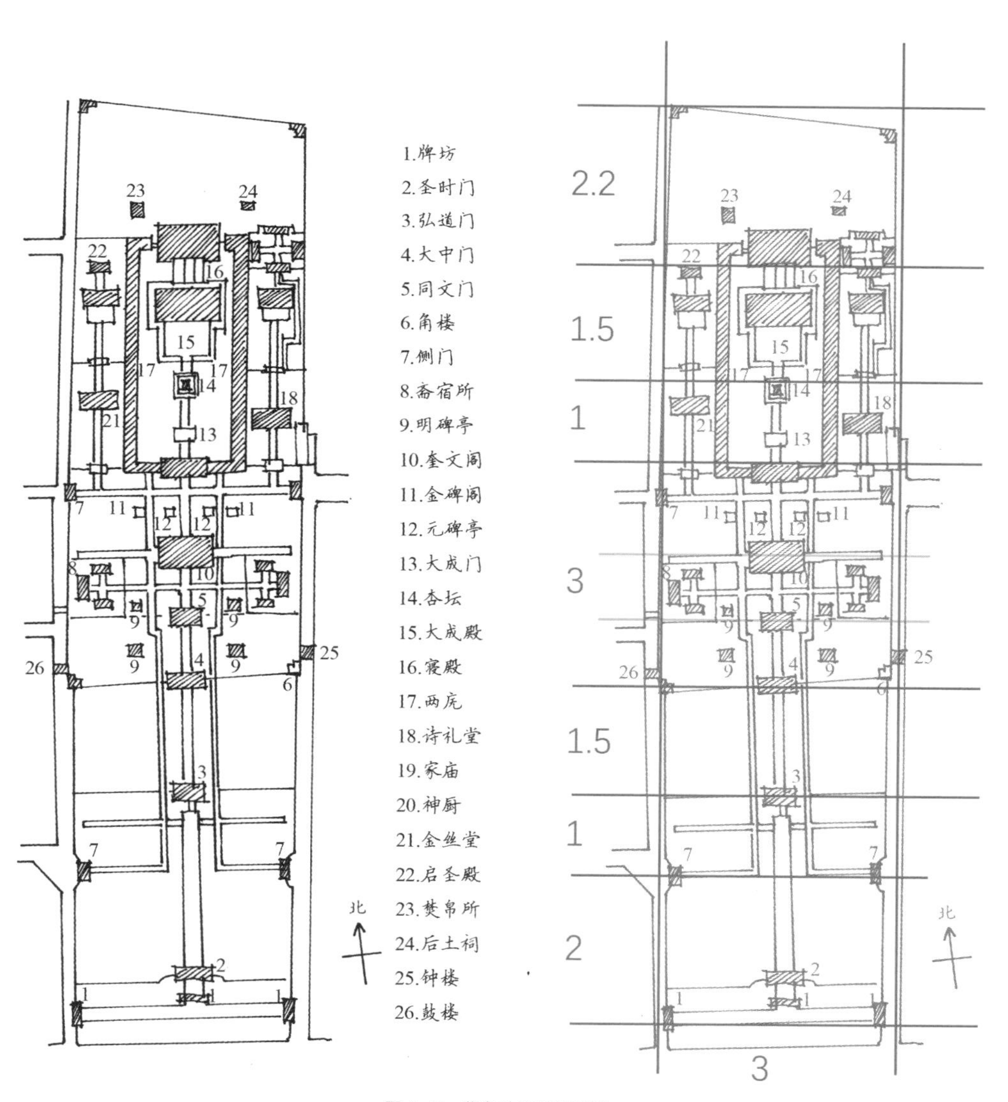

图4-7 曲阜孔庙总平面图

五、陵墓

陕西兴平汉茂陵

汉茂陵位于陕西省咸阳市兴平市东北部，为汉武帝刘彻的陵墓，是汉代帝王陵墓中规模最大、修造时间最长、陪葬品最丰富的一座。帝陵封土基底呈方形，平顶，上小下大，形如覆斗。四周筑有墙垣，设四道羡门。周围同时安放卫青、霍去病、李夫人等陪葬墓。

绘图步骤：

总平面图

（1）绘制长宽比为21：10.5的矩形辅助框；

（2）按如图所示比例绘制辅助线；

（3）根据网格定位绘制茂陵、卫青墓、霍去病墓和李夫人墓，再补充绘制道路等。

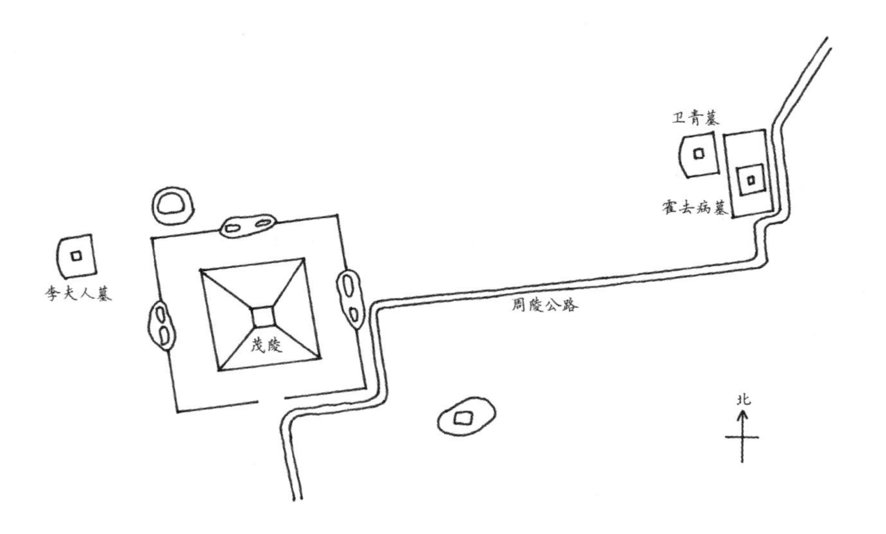

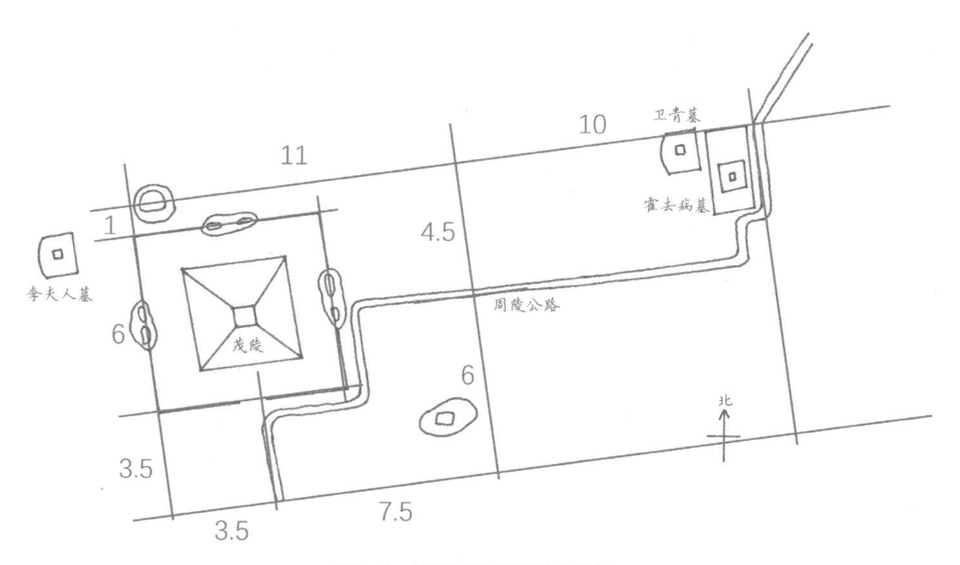

图5-1 陕西兴平汉茂陵总平面图

高颐墓石阙

高颐墓石阙建于汉献帝建安十四年（公元209年），现存东西两阙，均为子母阙。主阙高约6米，子阙高约3.39米，由台基、阙身、阙楼和屋顶四部分组成。高颐墓石阙采用红砂石、英岩石叠砌，阙顶采用仿汉代木结构。各层浮雕丰富精致，雕有角柱、枋、栌斗、花窗、挑檐斗拱、椽、瓦饰等细部，为东汉石刻精品。高颐墓石阙是我国现存碑、阙、墓、神道、石兽均保存较完整的汉代葬制实体。

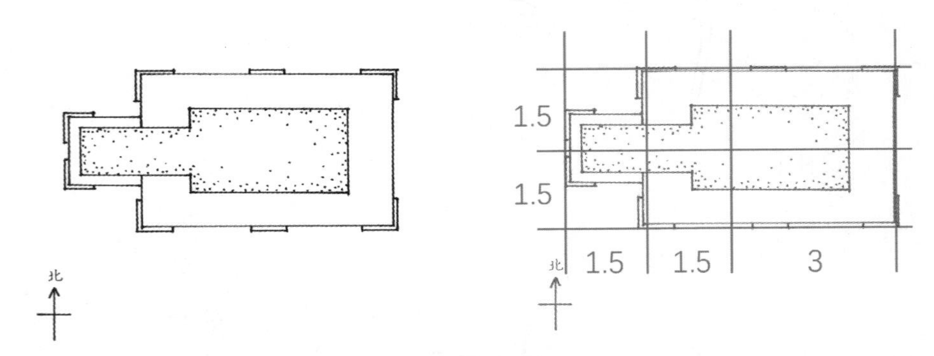

图5-2-1　高颐墓石阙西阙平面图

绘图步骤：

平面图

（1）绘制长宽比为6：3的矩形辅助框；

（2）按如图所示比例绘制辅助线；

（3）绘制主阙、子阙轮廓，再补充绘制台基等。

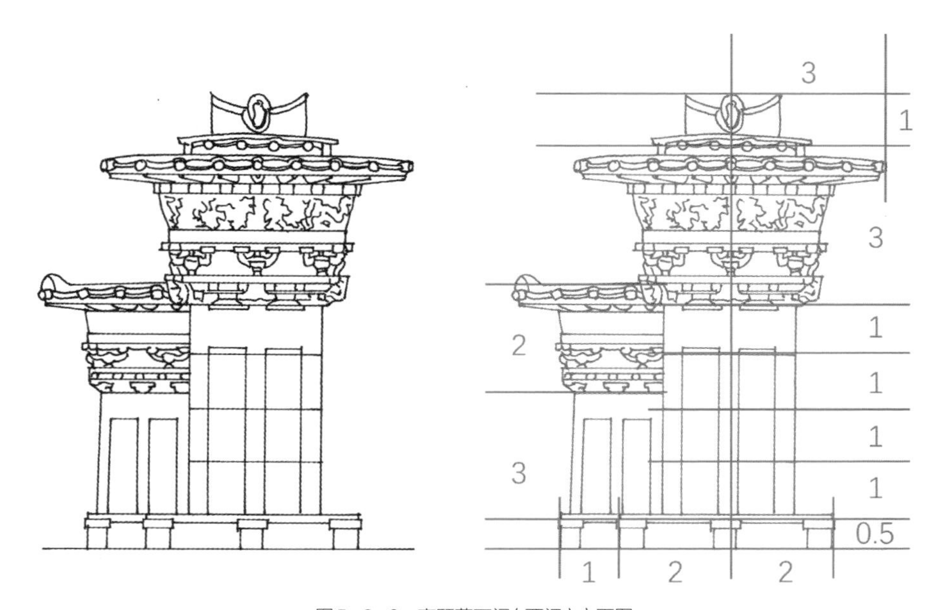

图5-2-2　高颐墓石阙（西阙）立面图

立面图

（1）绘制长宽比为8.5：6的矩形辅助框；

（2）按如图所示比例绘制辅助线；

（3）从上至下绘制台基、阙身、阙楼和阙顶，再补充绘制浮雕、挑檐和斗拱等。

陕西唐乾陵

唐乾陵位于乾县以北，依梁山而建，为唐高宗李治与武则天合葬墓。墓室四周原有陵墙和四出陵门，现已不存。陵前共三道阙，以山下神道南端为第一阙，后以梁山前双峰为第二阙，最后一阙设在朱雀门前。陵园内设有献殿，位于梁山主峰下，用于祭祀活动。

绘图步骤：

、**总平面图**

（1）绘制长宽比为6.5：2的矩形辅助框；

（2）按如图所示比例绘制辅助线；

（3）从下至上绘制神道、围墙和大门，再根据网格定位补充绘制地形等。

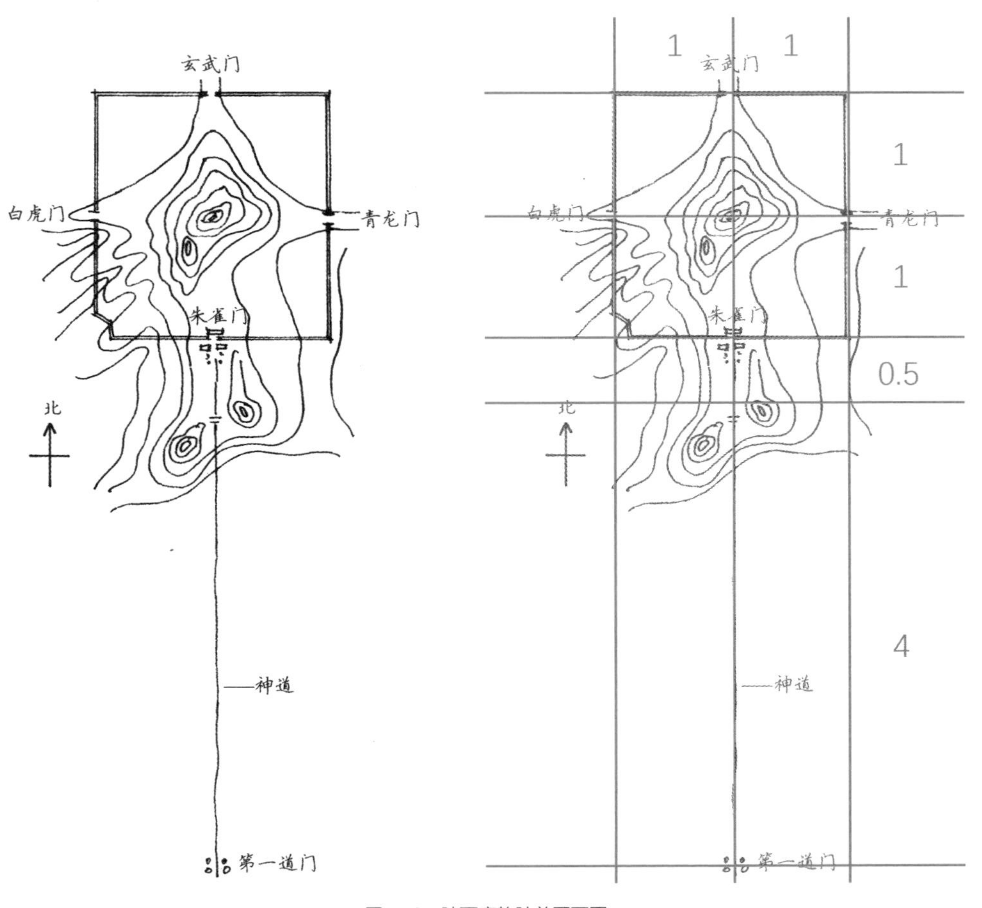

图5-3　陕西唐乾陵总平面图

明十三陵

明十三陵位于北京昌平天寿山麓，明代永乐皇帝及其后共13位皇帝均葬于此。以天寿山为屏障，三面环山，南面敞开，形如环抱。以永乐帝的长陵为中心，十三座陵墓分布于周围山坡，各占一个山趾。入口处设一条长约7千米的神道，以石牌坊为起点，依次设置大红门、碑亭、望柱、18对石像生和棂星门。不仅渲染出陵墓建筑群威严神圣的意境，而且加强了总体布局的空间层次，且共用神道也是明代陵墓的创新。

绘图步骤：

总平面图

（1）绘制长宽比为15：7.5的矩形辅助框；

（2）按如图所示比例绘制辅助线；

（3）根据网格定位绘制道路和各个陵墓，再补充绘制神道各节点等。

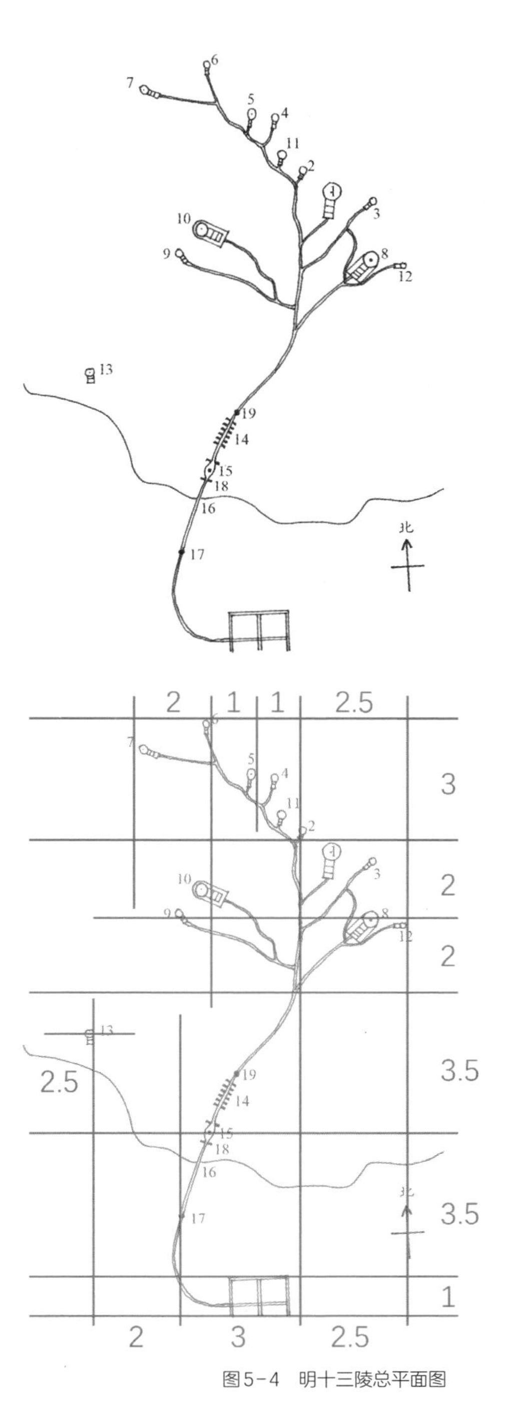

1.长陵
2.献陵
3.景陵
4.裕陵
5.茂陵
6.泰陵
7.康陵
8.永陵
9.昭陵
10.定陵
11.庆陵
12.德陵
13.思陵
14.石像生（18对）
15.碑亭
16.大红门
17.石牌坊
18.望柱（2对）
19.棂星门

图5-4　明十三陵总平面图

明长陵

作为十三陵中规模最大的陵园，长陵平面布局采用“前朝后寝”的形式，由三进院落和宝城宝顶组成。入陵门后为第一院落；再入祾恩门为第二院落，长陵主体建筑祾恩殿位于此院落中央；最后入内红门为第三院落，后接方城明楼和宝城宝顶。

绘图步骤：

总平面图

（1）绘制长宽比为8：4的矩形辅助框；

（2）按如图所示比例绘制辅助线；

（3）从下至上绘制陵门、祾恩门、祾恩殿、内红门、方城明楼和宝城宝顶，再补充绘制台基、道路等。

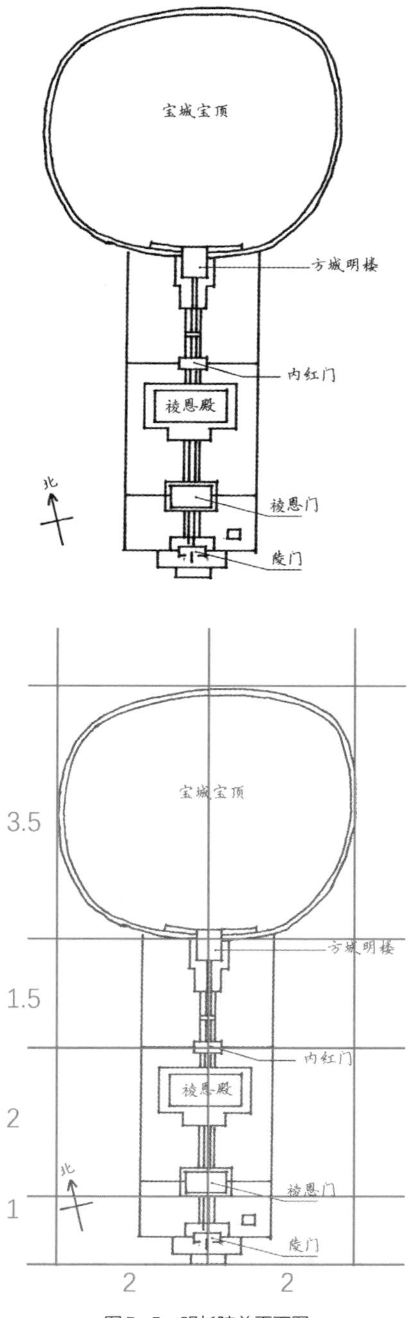

图5-5 明长陵总平面图

清东陵孝陵

清东陵位于现河北省遵化市，由清代五位皇帝及皇室宗亲共15座陵园组成。以清世祖顺治皇帝的孝陵为中心，其余陵园依山势呈扇形东西排开。孝陵陵园布局与明代陵园相似，由三进院和后方的宝城、宝顶组成。从三路三孔桥进入第一进院，院中立有碑亭；后接隆恩门，进入二进院，院内设隆恩殿和配殿；最后由琉璃花门进入第三进院，院内设二柱门、祭台，接方城明楼、哑巴院及最后的宝城、宝顶。

绘图步骤：

总平面图

（1）绘制长宽比为3.8：1的矩形辅助框；

（2）按如图所示比例绘制辅助线；

（3）从下至上绘制三路三孔桥、隆恩门、隆恩殿、玻璃花门、方城明楼和宝顶，再补充绘制围墙、附属建筑和道路等。

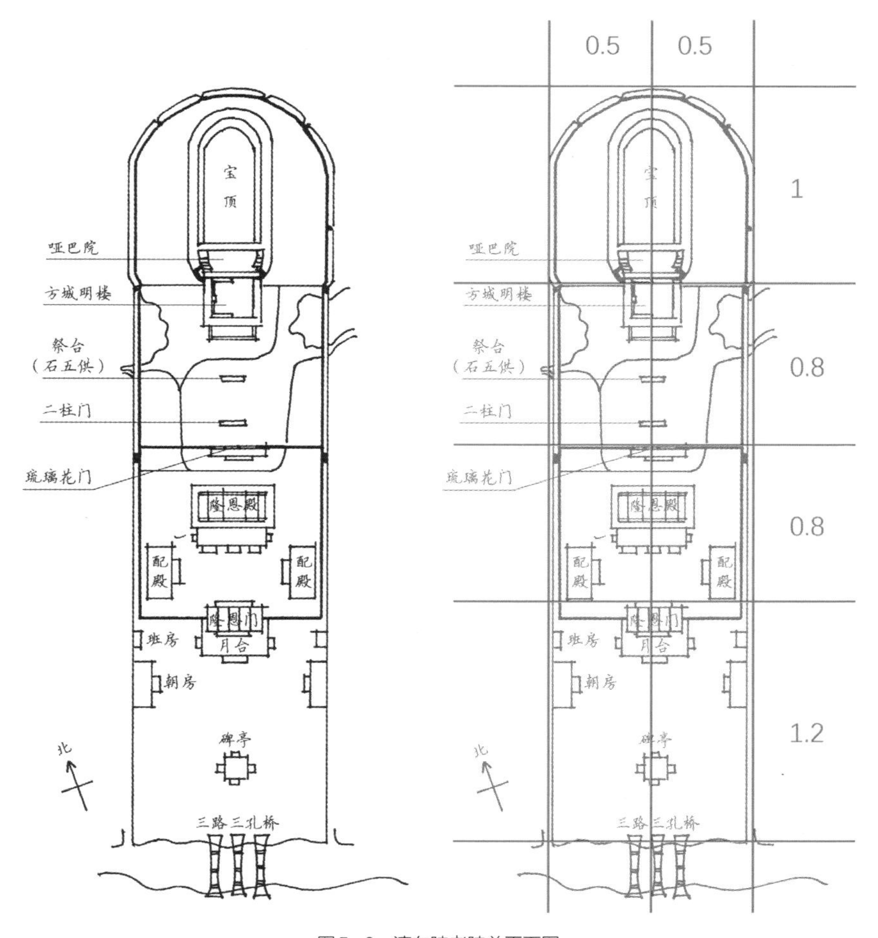

图5-6　清东陵孝陵总平面图

六、宗教建筑

山西五台县南禅寺大殿

南禅寺位于山西省五台县李家庄，重建于唐建中三年（公元782年），是我国目前已发现的最早的木构建筑。面阔、进深各三间（面阔11.75米，进深10米），单檐歇山顶，平面近方形。殿内无柱，殿四周有十二根檐柱。其中，西山墙三根抹棱方柱为初建时遗物，其余均为圆柱，柱子有侧脚和生起。全殿无补间铺作，前后檐柱头铺作为五铺作双抄偷心造。

绘图步骤：

平面图

（1）绘制长宽比为3.5：2.9的矩形辅助框；

（2）按如图所示比例绘制辅助线；

（3）绘制台基、墙体和柱子，再补充绘制台阶、大门和佛座等。

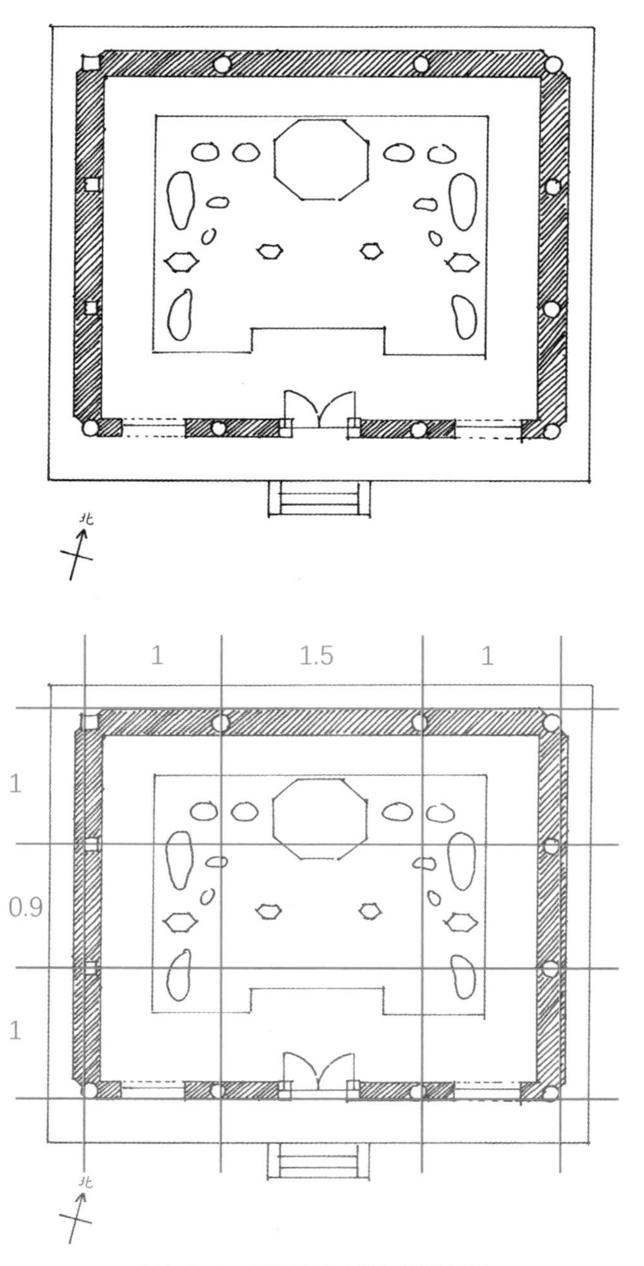

图6-1-1 山西五台县南禅寺大殿平面图

立面图

（1）绘制长宽比为5.3：3的矩形辅助框；

（2）按如图所示比例绘制辅助线；

（3）分上、中、下三部分绘制台基、殿身和屋顶，再补充绘制台阶、柱子、门窗、斗拱和屋脊等。

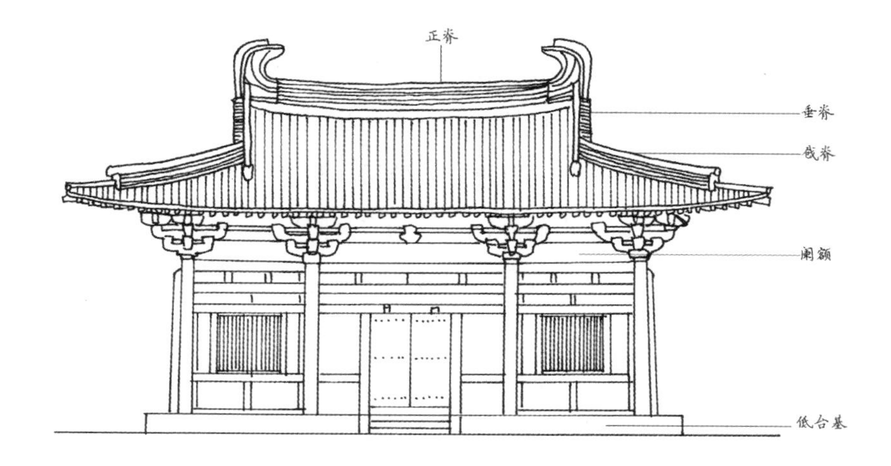

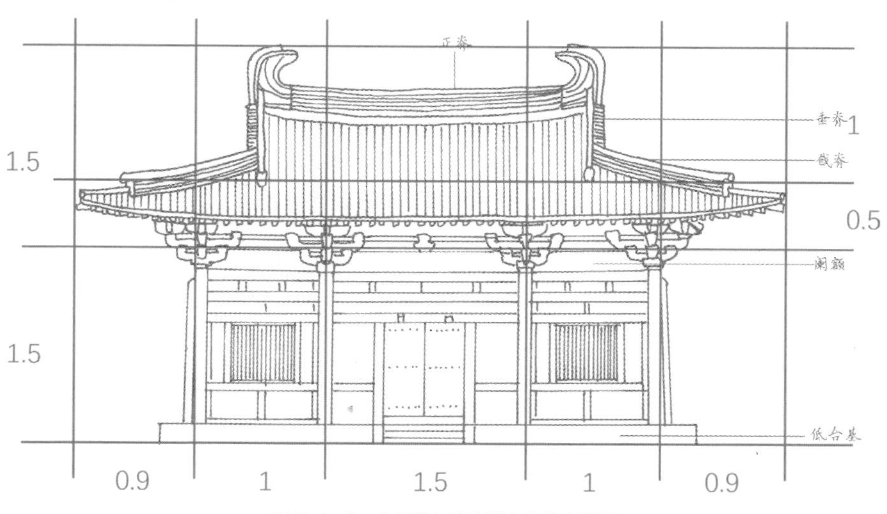

图6-1-2　山西五台县南禅寺大殿立面图

山西五台县佛光寺大殿

佛光寺坐落于山西五台县豆村的佛光山山腰，依山势向上并沿东西轴向布置。大殿建于唐大中十一年（公元857年），是我国现存最大的唐代木建筑。面阔七间（约34米），进深八架椽（约17.66米），单檐庑殿顶。平面采用金厢斗底槽的形式。全部柱子为圆形直柱，上端略有卷杀。檐柱有侧脚及生起。屋顶内有四层梁，分天花下的明栿和天花下的草栿，各两层。斗拱中外檐柱头铺作为七辅作双抄双下昂，半偷心；补间铺作每间仅设一朵，不做栌斗，在柱头枋上立短柱，内外出双抄；内檐柱头辅作为七辅作出四抄，全偷心。

绘图步骤：

平面图

（1）绘制长宽比为8.2：4.6的矩形辅助框；

（2）按如图所示比例绘制辅助线；

（3）绘制台基、墙体和柱子，再补充绘制台阶、大门和佛座等。

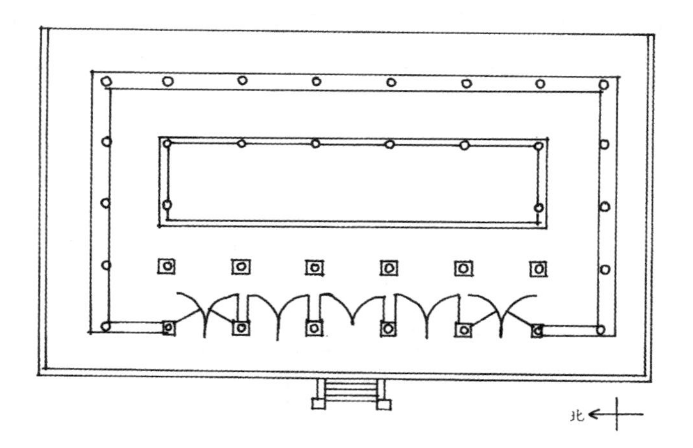

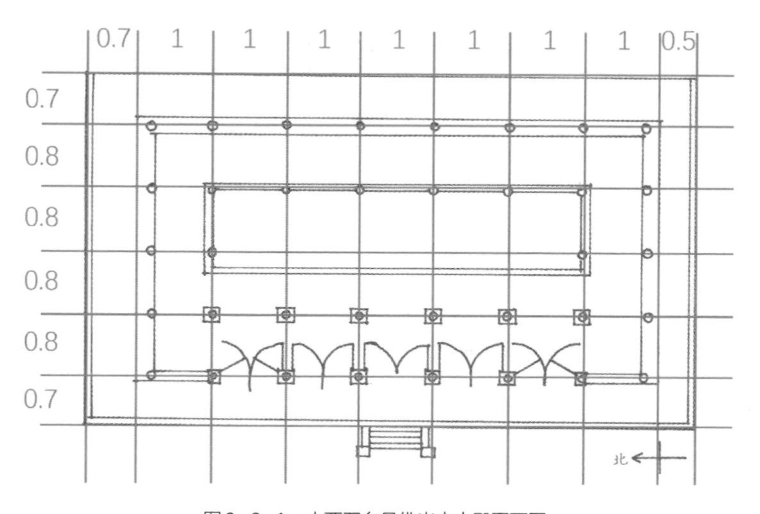

图6-2-1　山西五台县佛光寺大殿平面图

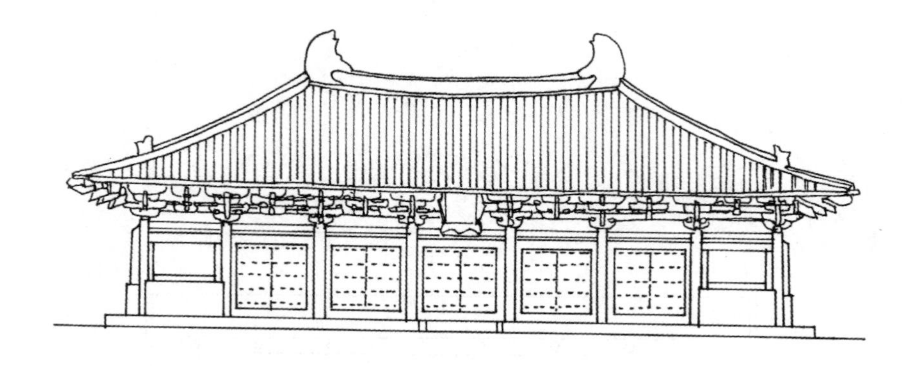

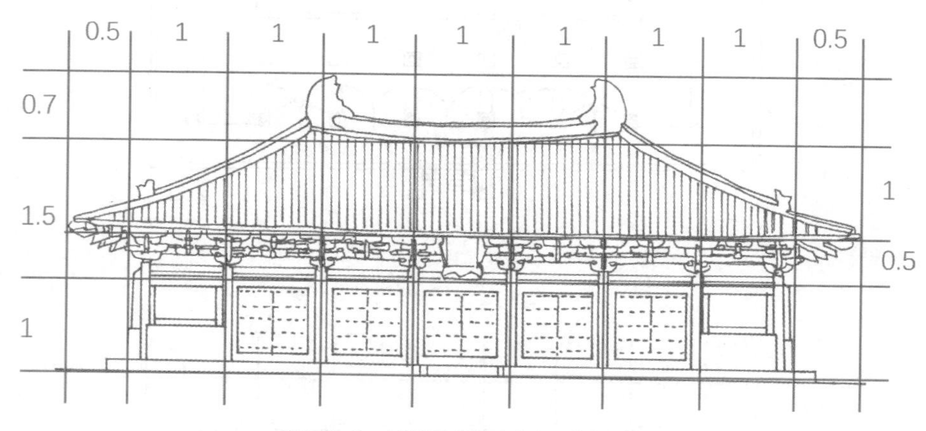

图6-2-2　山西五台县佛光寺大殿立面图

立面图

（1）绘制长宽比为8：3.2的矩形辅助框；

（2）按如图所示比例绘制辅助线；

（3）分上、中、下三部分绘制台基、殿身和屋顶，再补充绘制柱子、门窗、斗拱和屋脊等。

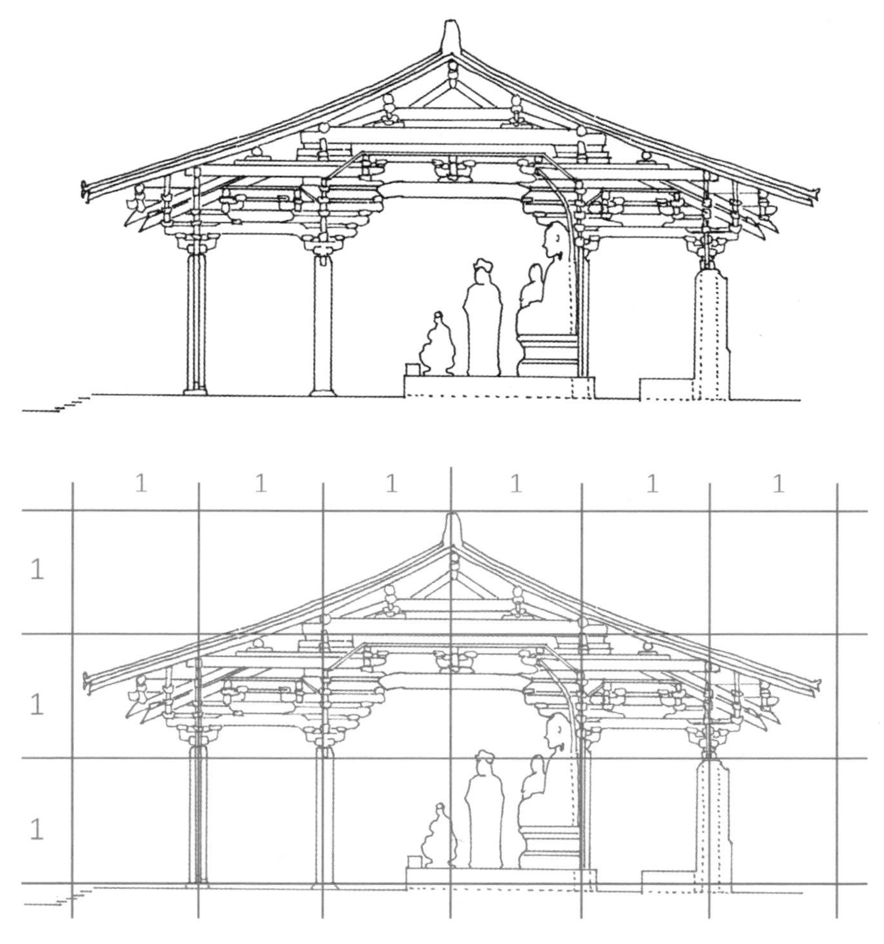

图6-2-3　山西五台县佛光寺大殿剖面图

剖面图

（1）绘制长宽比为6：3的矩形辅助框；

（2）按如图所示比例绘制辅助线；

（3）分上、中、下三部分绘制柱子、斗拱、梁枋以及屋顶，再补充绘制台基、佛像等。

河北正定隆兴寺摩尼殿

摩尼殿始建于北宋皇祐四年(公元1052年)，后经历代修葺。大殿面阔七间(约35米)，进深七间(约28米)，重檐歇山顶(为后代重修)。大殿四面正中各出一间歇山顶抱厦(四出抱厦)，平面呈十字形。外檐檐柱间砌筑封闭砖墙，仅四面抱厦有门窗，室内设两层柱网，檐柱有侧脚和生起。下檐柱头铺作出双抄偷心造；上檐柱头铺作出单下昂，要头呈昂形；补间铺作当心间设二朵，次间一朵。

绘图步骤：

平面图

(1)绘制长宽比为4.8：4.1的矩形辅助框；

(2)按如图所示比例绘制辅助线；

(3)绘制台基、墙体和柱子，再补充绘制台阶、佛座等。

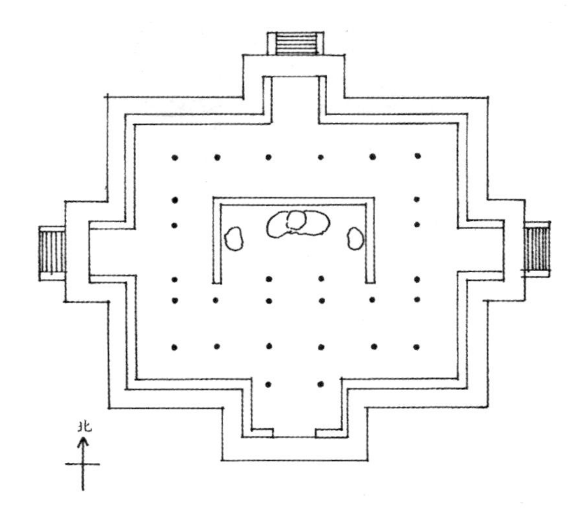

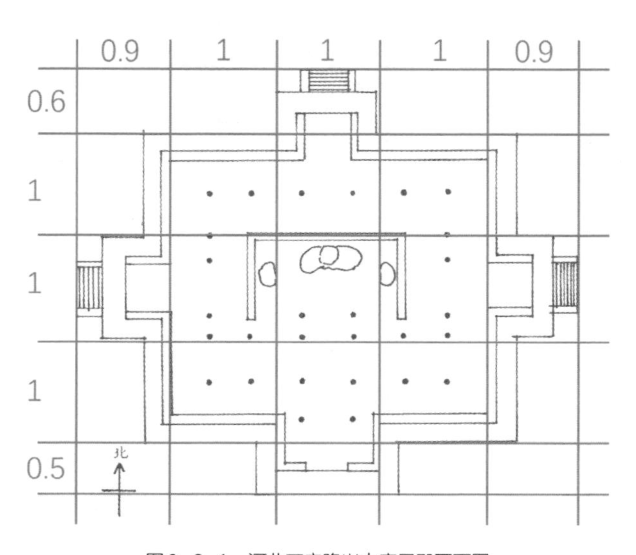

图6-3-1 河北正定隆兴寺摩尼殿平面图

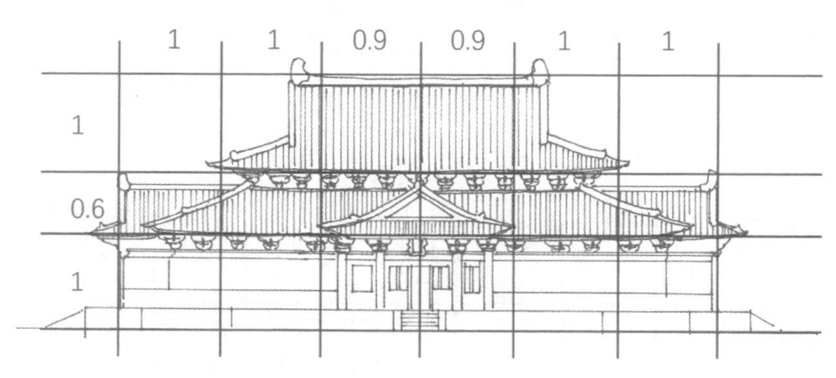

图6-3-2　河北正定隆兴寺摩尼殿立面图

立面图

（1）绘制长宽比为5.8：2.6的矩形辅助框；

（2）按如图所示比例绘制辅助线；

（3）分上、中、下三部分绘制台基、殿身和重檐，再补充绘制台阶、柱子、门窗、斗拱和屋脊等。

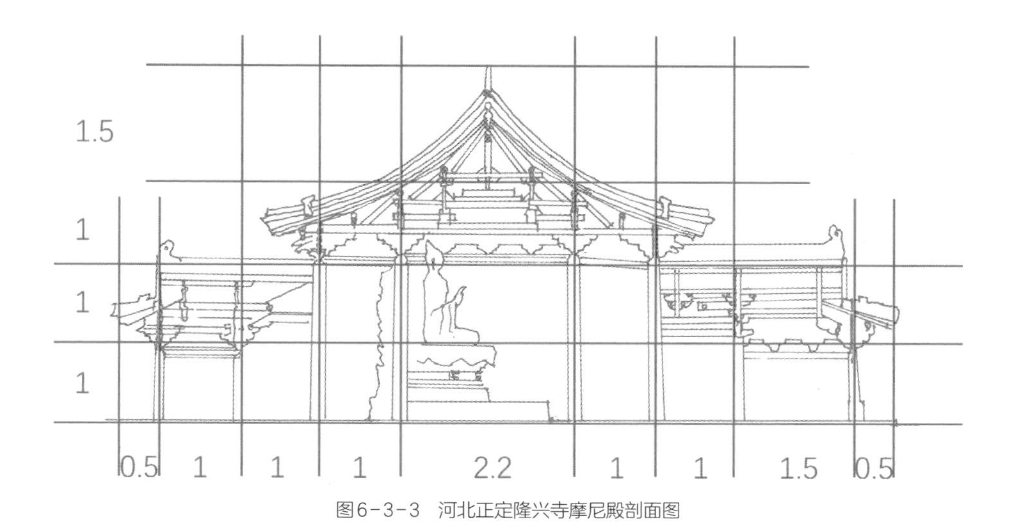

图6-3-3　河北正定隆兴寺摩尼殿剖面图

剖面图

（1）绘制长宽比为9.7：4.5的矩形辅助框；

（2）按如图所示比例绘制辅助线；

（3）分上、中、下三部分绘制柱子、斗拱、梁枋以及屋顶，再补充绘制台基、佛像等。

天津蓟州区独乐寺

独乐寺现存山门及观音阁两处建筑，为辽统和二年（公元984年）重建。山门建于石砌台基上，面阔三间（16.63米），进深二间四架椽（8.76米），单檐庑殿顶。平面为分心斗底槽样式，柱有显著侧脚和较小收分。柱头铺作为五铺作双抄偷心造，补间铺作一朵。

绘图步骤：

平面图

（1）绘制长宽比为4.5：1.4的矩形辅助框；

（2）按如图所示比例绘制辅助线；

（3）分别绘制山门和观音阁的台基、墙体和柱子，再补充绘制道路、月台、佛座等。

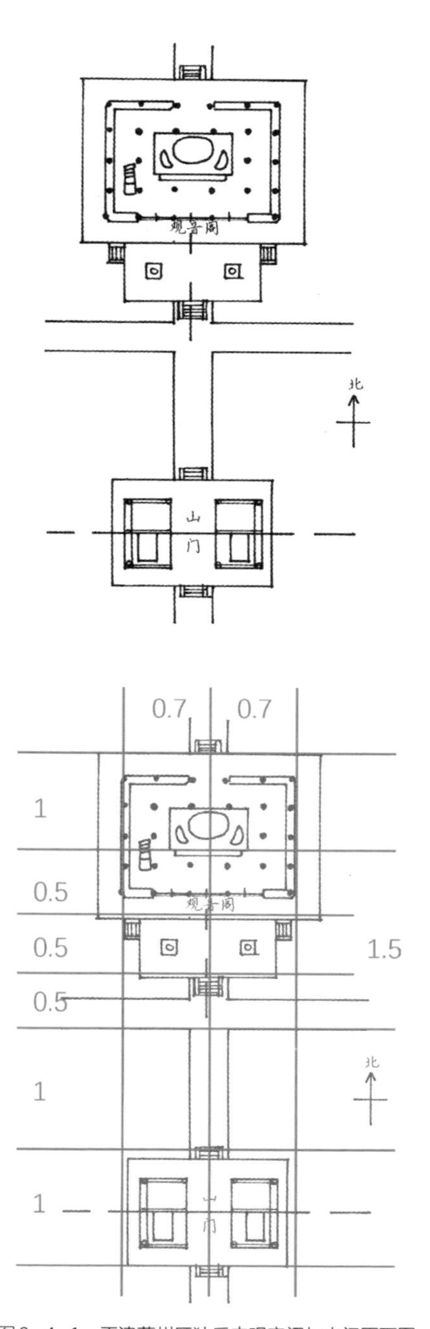

图6-4-1　天津蓟州区独乐寺观音阁与山门平面图

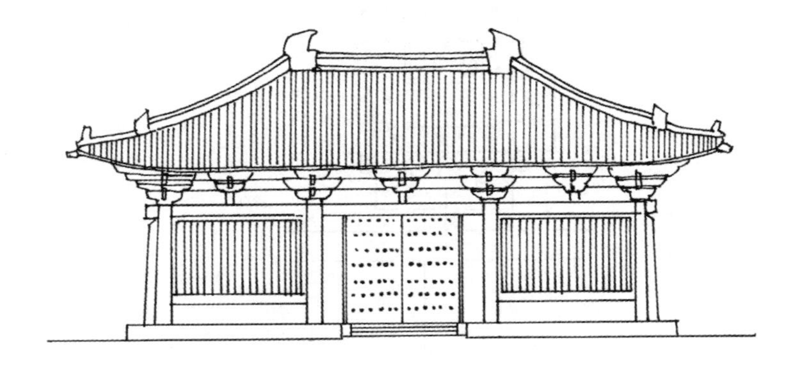

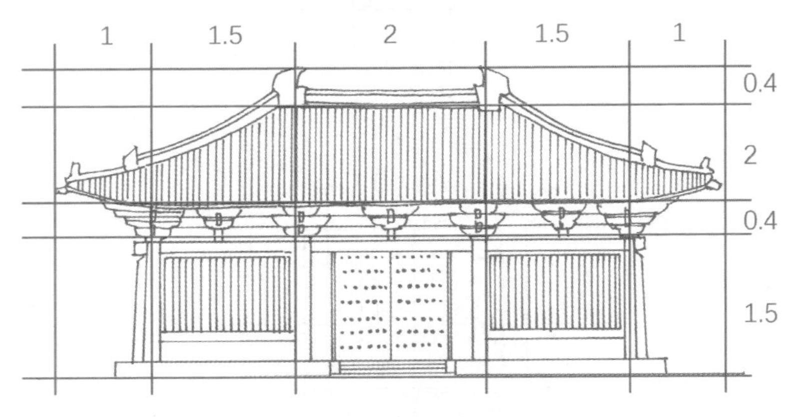

图6-4-2　天津蓟州区独乐寺山门立面图

立面图

（1）绘制长宽比为7：4.3的矩形辅助框；

（2）按如图所示比例绘制辅助线；

（3）分上、中、下三部分绘制台基、殿身和屋顶，再补充绘制台阶、柱子、门窗、斗拱和屋脊等。

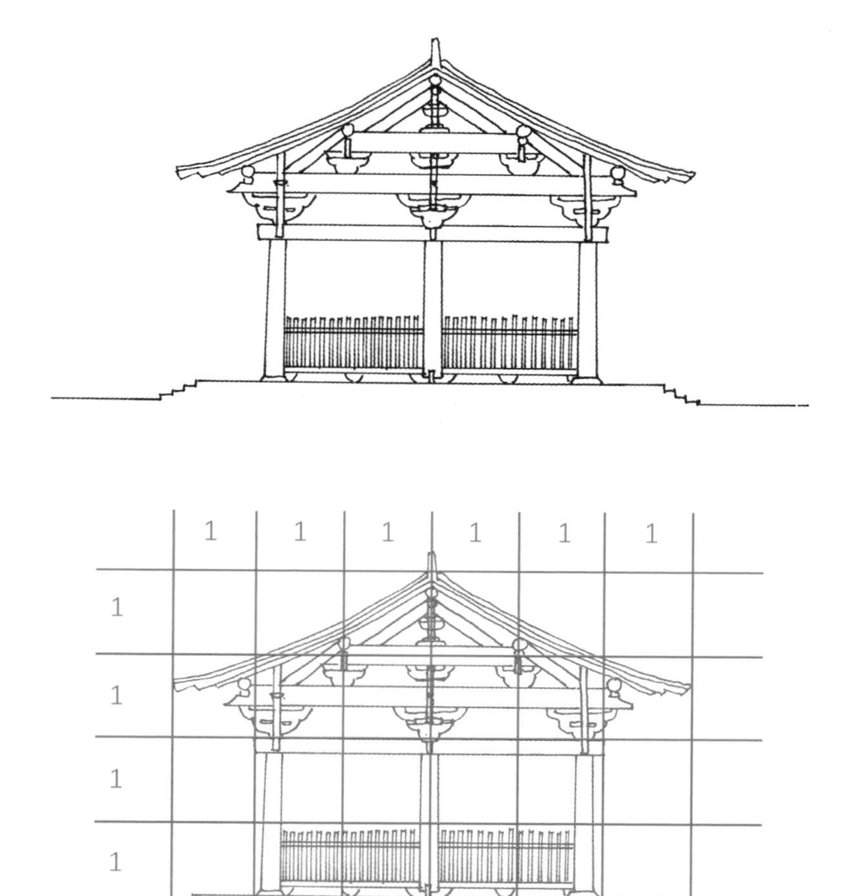

图6-4-3　天津蓟州区独乐寺山门剖面图

剖面图

（1）绘制长宽比为6：4的矩形辅助框；

（2）按如图所示比例绘制辅助线；

（3）分上、中、下三部分绘制柱子、斗拱、梁枋以及屋顶，再补充绘制台基、栏杆等。

观音阁位于山门以北，底部立于石砌台基之上，前附月台。外槽面阔五间（20.22米），进深四间（14.26米）；内槽面阔三间，进深两间。阁顶为歇山顶，平面为金厢斗底槽式样。总高19.73米，外观两层，内部实为三层。下层出跳斗拱和下檐，中层出跳斗拱和平坐，上层出跳斗拱和上檐，形成三个柱网层、三个铺做层和一个屋顶层，共七个构造层。中层内部六边形井口内放置的高15.4米的观音像，为我国现存最高的塑像。室内柱子仅端部有卷杀，并有侧脚。首层与中层采用缠柱造，中层檐柱收进约半个柱径，且中层内外柱之间加有斜撑；中层与上层檐柱交接采用叉柱造，均起到加强结构稳定性和整体性的作用。

绘图步骤：

立面图

（1）绘制长宽比为6：5的矩形辅助框；

（2）按如图所示比例绘制辅助线；

（3）分上、中、下三部分绘制两层殿身、腰檐和屋顶，再补充绘制台基、门窗、柱子、平坐和屋脊等。

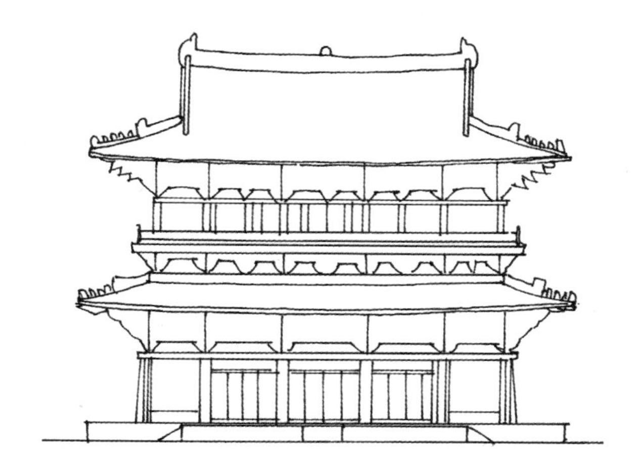

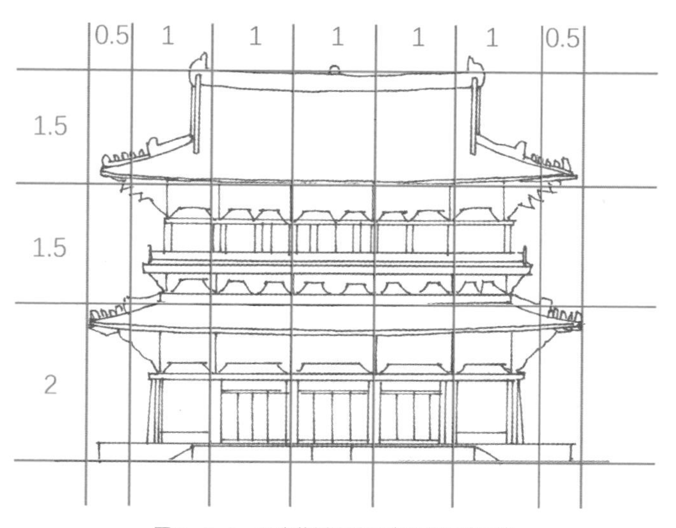

图6-4-4　天津蓟州区独乐寺观音阁立面图

剖面图

（1）绘制长宽比为6：5.7的矩形辅助框；

（2）按如图所示比例绘制辅助线；

（3）分上、中、下三层绘制柱子、斗拱、梁枋以及屋顶，再补充绘制台基、栏杆、和腰檐等。

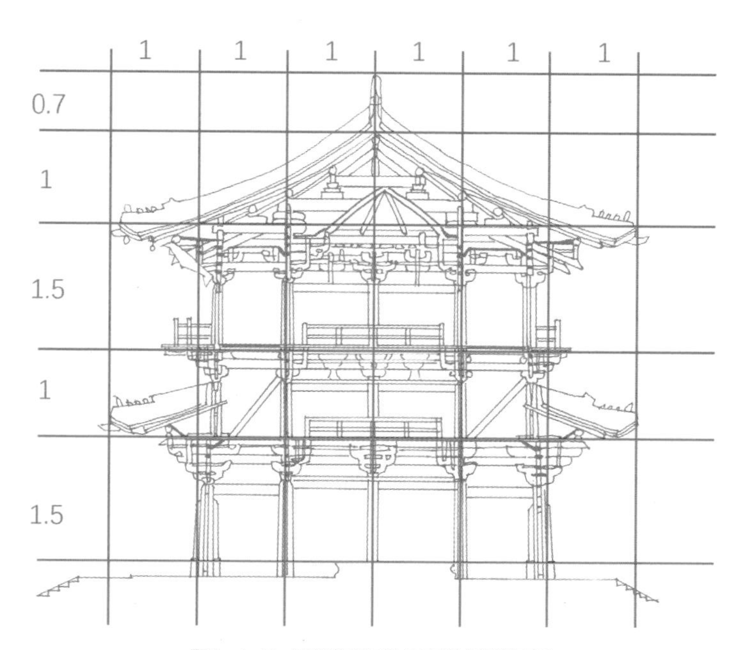

图6-4-5　天津蓟州区独乐寺观音阁剖面图

山西芮城永乐宫三清殿

永乐宫始建于元代，原位于山西永吉永乐镇，后迁至芮城。建筑群沿轴线依次排列山门、无极门、三清殿、纯阳殿、重阳殿和邱祖殿（已损毁）。三清殿为主殿，殿前筑两层月台，殿身仅前檐中央五间及后檐当心间开门，剩余部分均实墙封闭。面阔七间（约34米），进深四间（约21米），单檐庑殿顶。平面采用金厢斗底槽形式。室内采用减柱造，余中柱和后内柱子共八根。檐柱有生起和侧脚。斗拱六辅作，单抄双下昂，补间铺作除尽间施一朵外，其余皆两朵。

绘图步骤：

平面图

（1）绘制长宽比为4.8：4的矩形辅助框；

（2）按如图所示比例绘制辅助线；

（3）绘制台基、墙体和柱子，再补充绘制月台、朵台、台阶和佛座等。

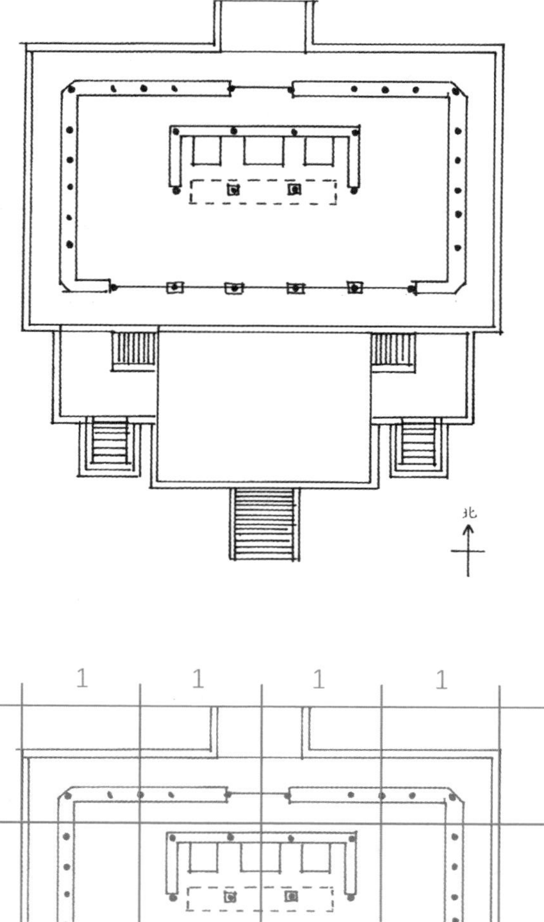

图6-5-1　山西芮城永乐宫三清殿平面图

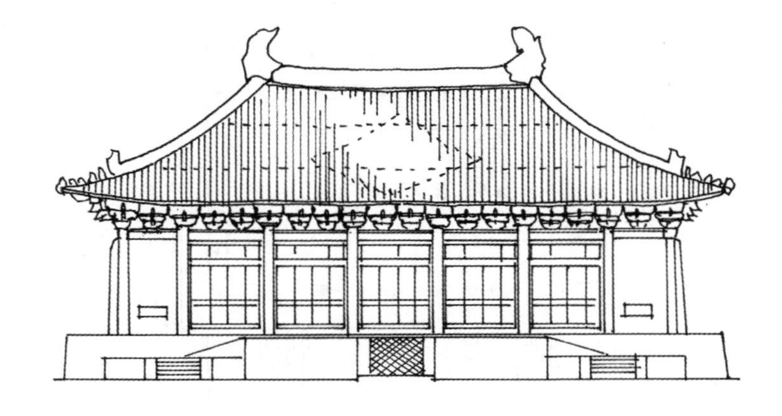

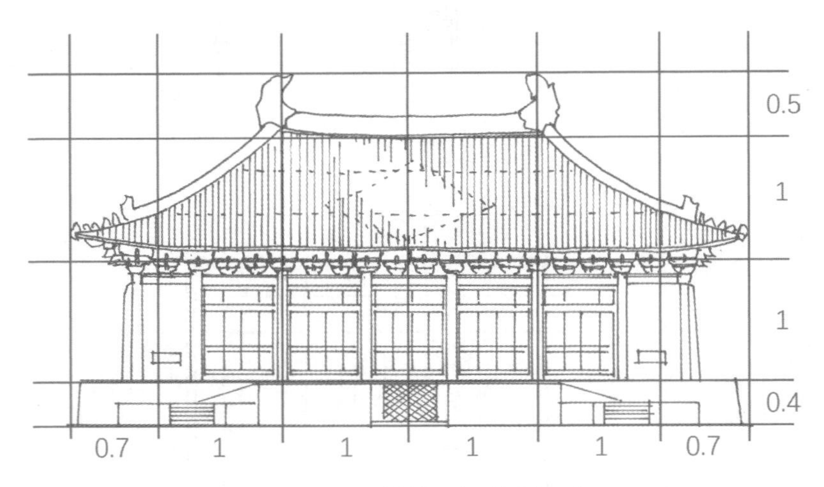

图6-5-2 山西芮城永乐宫三清殿立面图

立面图

（1）绘制长宽比为5.4：2.9的矩形辅助框；

（2）按如图所示比例绘制辅助线；

（3）分上、中、下三部分绘制台基、殿身和屋顶，再补充绘制台阶、柱子、门窗、斗拱和屋脊等。

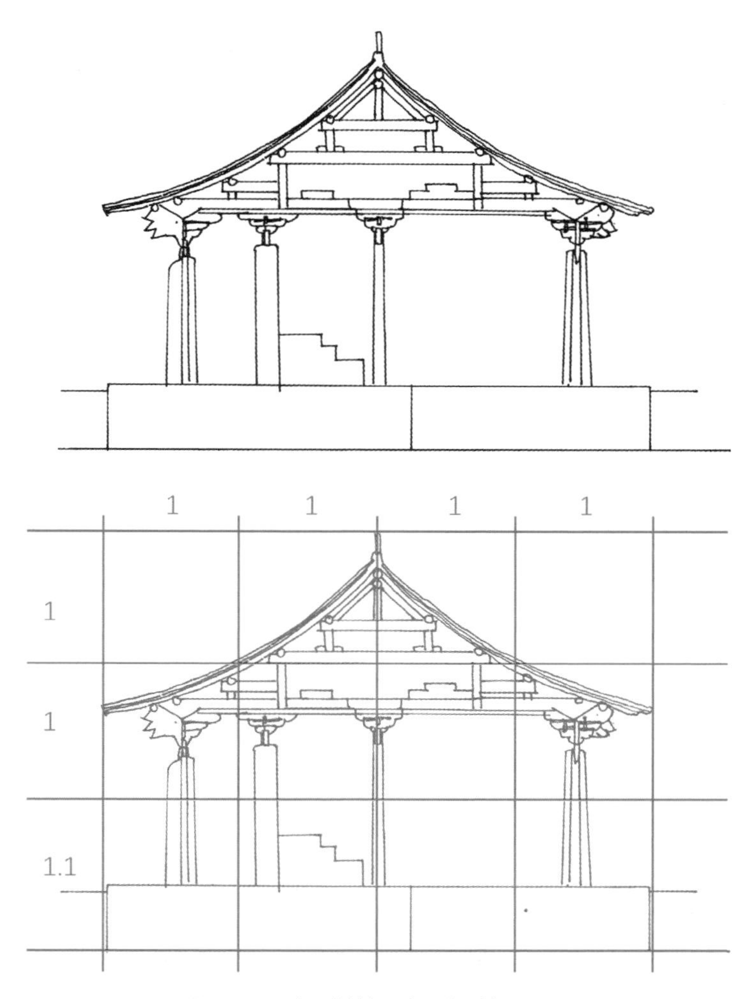

图6-5-3　山西芮城永乐宫三清殿剖面图

剖面图

（1）绘制长宽比为4：3.1的矩形辅助框；

（2）按如图所示比例绘制辅助线；

（3）分上、中、下三层绘制柱子、斗拱、梁枋以及屋顶，再补充绘制台基、佛座等。

山西应县佛宫寺释迦塔

佛宫寺释迦塔始建于辽清宁二年（公元1056年），为阁楼式塔，是我国现存唯一且最早的全木构塔，也是全世界现存最高的古代木建筑。全塔从下至上由两层砖石台基、木构塔身、砖砌刹座和铁铸塔刹组成。塔身平面呈八角形，底径30米，采用副阶周匝的柱网布局，形成了双套筒的结构形式。木塔高九层（外观五层，内部暗层四层），采用叉柱造，檐柱逐层内收半柱径。各层斗拱和平坐斗拱组成九个辅作层，并在平坐暗层内添加立柱和斜撑，将平坐柱网与上下辅作层连接，形成整体框架，提高了塔的稳定性。

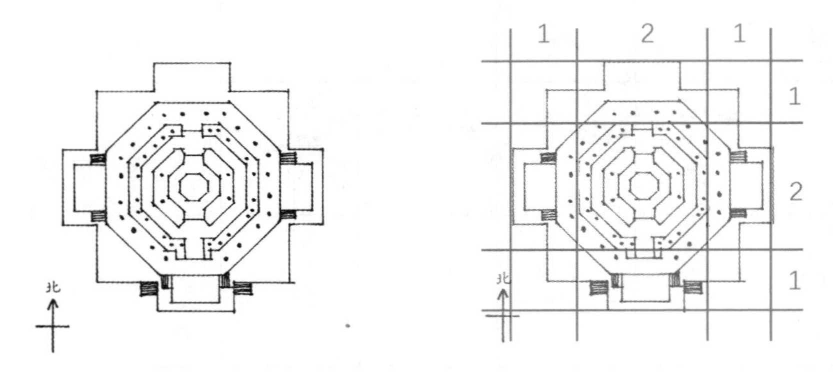

图6-6-1　山西应县佛宫寺释迦塔平面图

绘图步骤：

平面图

（1）绘制长宽比为4：4的矩形辅助框；

（2）按如图所示比例绘制辅助线；

（3）绘制台基、回廊、塔身内外槽和柱子，再补充绘制台阶、佛座等。

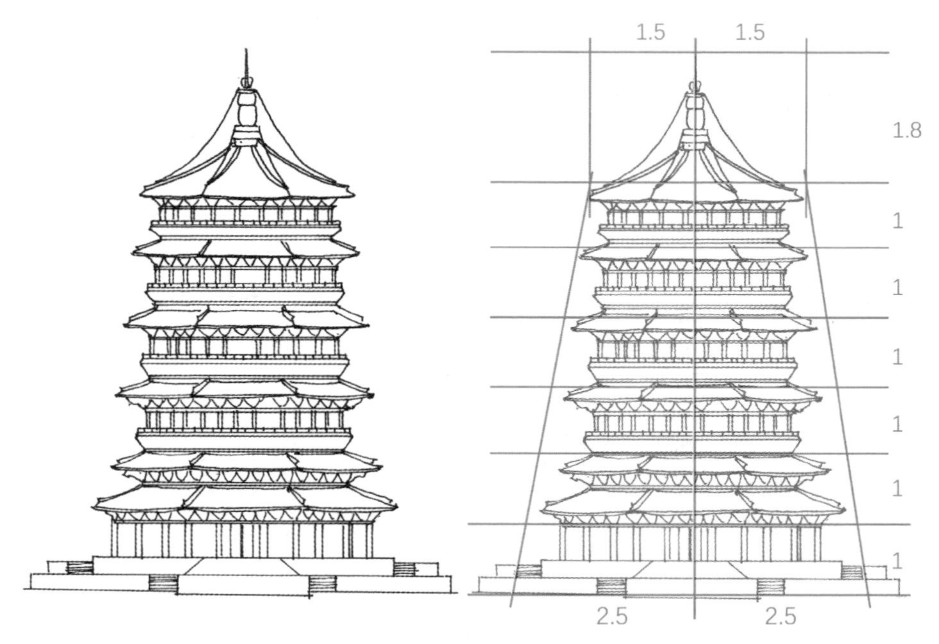

图6-6-2　山西应县佛宫寺释迦塔立面图

立面图

(1)绘制长宽比为7.8：5的矩形辅助框；

(2)按如图所示比例绘制辅助线；

(3)从下至上绘制台基、回廊、五层塔身和六层屋檐，再补充绘制台阶、平坐、屋脊和塔刹等。

河南登封嵩岳寺塔

嵩岳寺塔建于北魏正光四年（公元523年），是我国现存最早的密檐式砖塔。其平面为十二边形，为我国古塔中的孤例。塔心室为八角形直井式，以木楼板分为十层。塔身共有十五层密檐，高40米。下层塔身无门窗和装饰；上层塔身装饰除门楣和佛龛上使用圆拱券外，其余保留浓郁的异域风格。密檐间距逐层向上缩减，塔身外轮廓收分缓和。

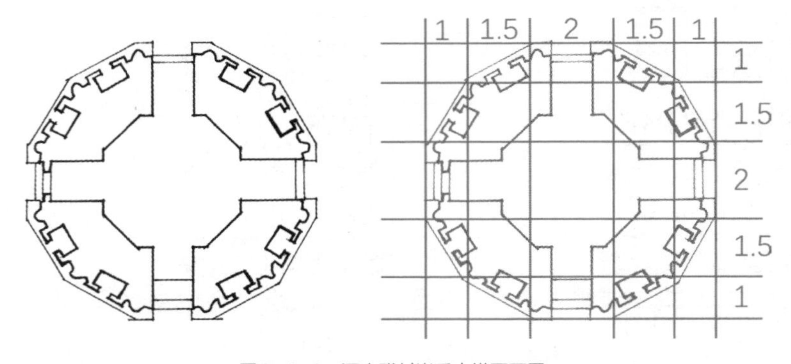

图6-7-1　河南登封嵩岳寺塔平面图

绘图步骤：

平面图

（1）绘制长宽比为7：7的矩形辅助框；

（2）按如图所示比例绘制辅助线；

（3）绘制台基、塔身和塔心室，再补充绘制台阶、佛龛等。

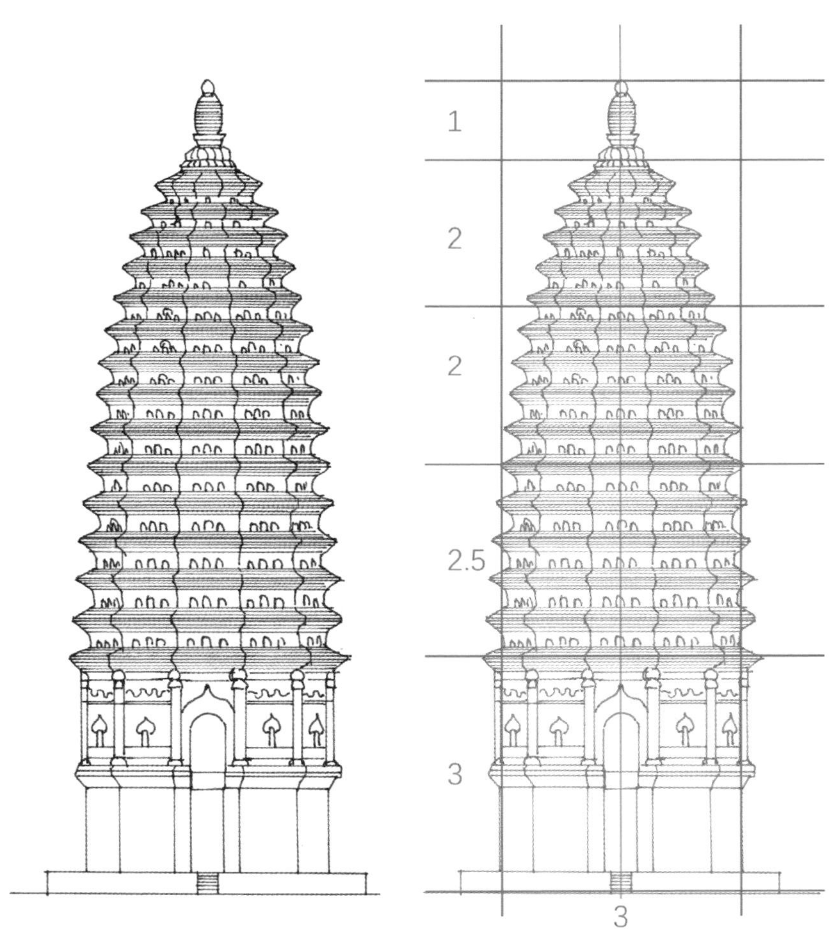

图6-7-2　河南登封嵩岳寺塔立面图

立面图

（1）绘制长宽比为10.5：3的矩形辅助框；

（2）按如图所示比例绘制辅助线；

（3）分上、中、下三部分绘制基台、塔身和十五层密檐分，再补充绘制台基、门窗、佛龛和塔刹等。

山东历城神通寺四门塔

神通寺四门塔建于隋大业七年（公元611年），是我国现存最早的亭阁式单层塔。全石砌筑，平面为边长7.38米的正方形。四面中央各开一个圆形拱门，塔室中有方形塔心柱。塔高15.04米，塔檐挑出叠涩五层。塔顶收成四角攒尖顶，顶上由方形须弥座、山花蕉叶和相轮组成塔刹。

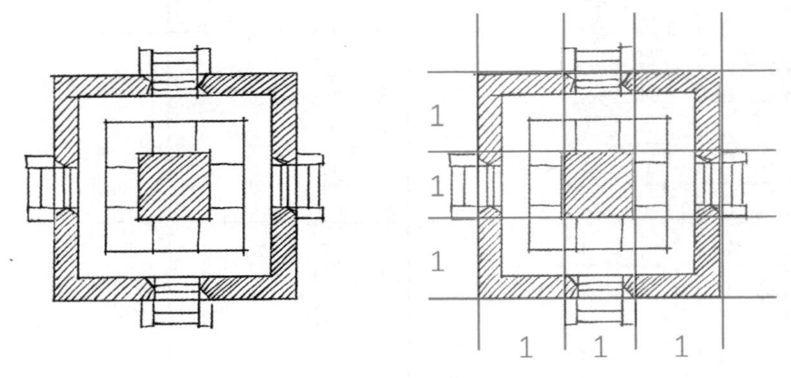

图6-8-1　山东历城神通寺四门塔平面图

绘图步骤：

平面图

（1）绘制长宽比为3：3的矩形辅助框；

（2）按如图所示比例绘制辅助线；

（3）绘制台基和塔身轮廓，再补充绘制台阶、塔室等。

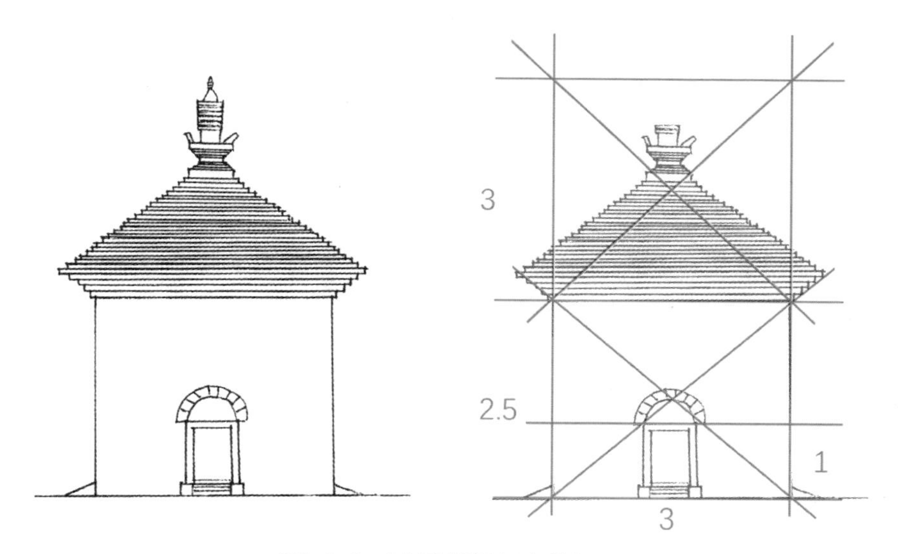

图6-8-2　山东历城神通寺四门塔立面图

立面图

（1）绘制长宽比为5.5：3的矩形辅助框；

（2）按如图所示比例绘制辅助线；

（3）分上下两部分绘制塔身和塔顶轮廓，再补充绘制拱门、台阶和塔顶等。

北京妙应寺白塔

妙应寺白塔建于元至元八年（公元1271年），为我国中原地区现存最大、最早的覆钵式塔，由塔基、塔身和塔刹组成。塔建于凸字形台基上，台基上再设亚字形须弥座两层。须弥座上放置覆莲及水平线脚数条，向上依次接宝瓶、塔脖子、十三天（相轮）、华盖和宝顶。

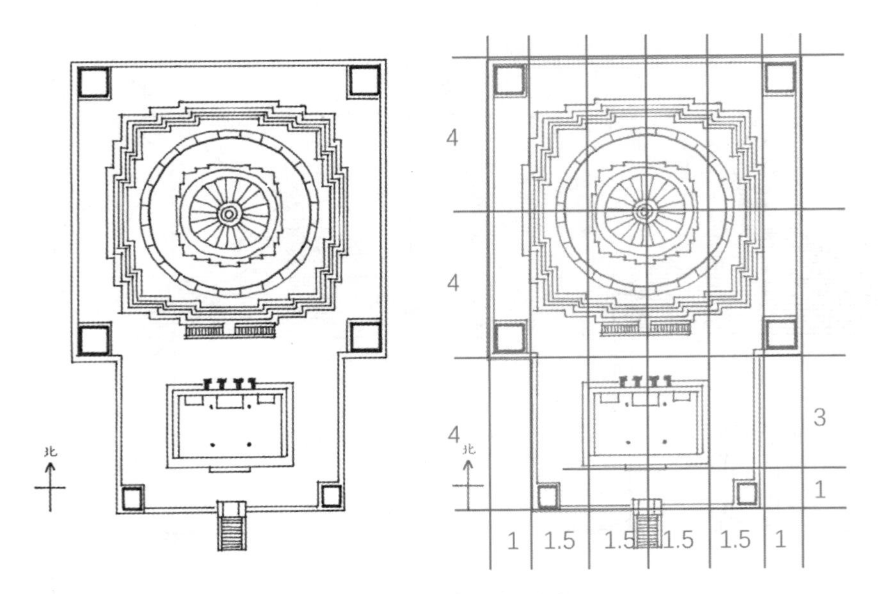

图6-9-1　北京妙应寺白塔平面图

绘图步骤：

平面图

（1）绘制长宽比为12：8的矩形辅助框；

（2）按如图所示比例绘制辅助线；

（3）从外到内绘制塔基、须弥座、覆莲、塔身、塔脖子、十三天、华盖和塔刹，再补充绘制月台、台阶等。

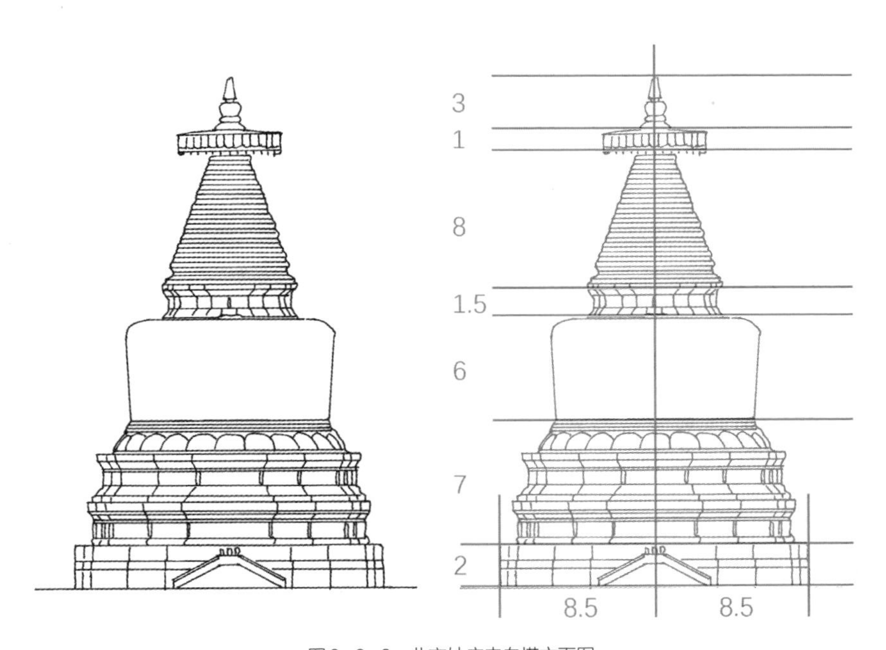

图6-9-2　北京妙应寺白塔立面图

立面图

（1）绘制长宽比为28.5：17的矩形辅助框；

（2）按如图所示比例绘制辅助线；

（3）从下至上绘制塔基、塔身、相轮、华盖和塔刹，再补充绘制各层细部。

山西洪洞广胜下寺

广胜寺位于山西洪洞县霍山山麓，分上寺和下寺。上寺位于山顶，下寺位于山脚。下寺现存的山门、后大殿、西朵殿均是元代建筑。山门面阔三间，进深二间六架椽，单檐歇山顶。平面为分心斗底槽。前后檐均下出雨搭，为古建筑中孤例。下寺前大殿重建与明成化八年（公元1472年），面阔五间，进深三间六架椽，单檐悬山顶。后大殿重建于元至大二年（公元1309年），面阔七间，进深四间八架椽，单檐悬山顶。殿内使用减柱、移柱法，前列仅用明间的两根内柱（后因稳定性问题又加两根），后列四根，比通常做法减柱六根。后列中有两根柱偏移后未与檐柱对齐。屋顶使用斜梁，斜梁上端搁于大内额，下端搁于檐柱斗拱上。

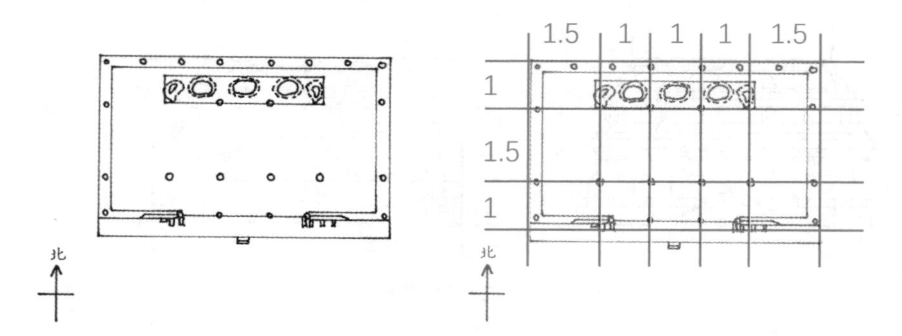

图6-10-1　山西洪洞广胜下寺后大殿平面图

绘图步骤：

平面图

（1）绘制长宽比为6：3.5的矩形辅助框；

（2）按如图所示比例绘制辅助线；

（3）绘制台基、墙体和柱子，再补充绘制台阶、大门、佛座等。

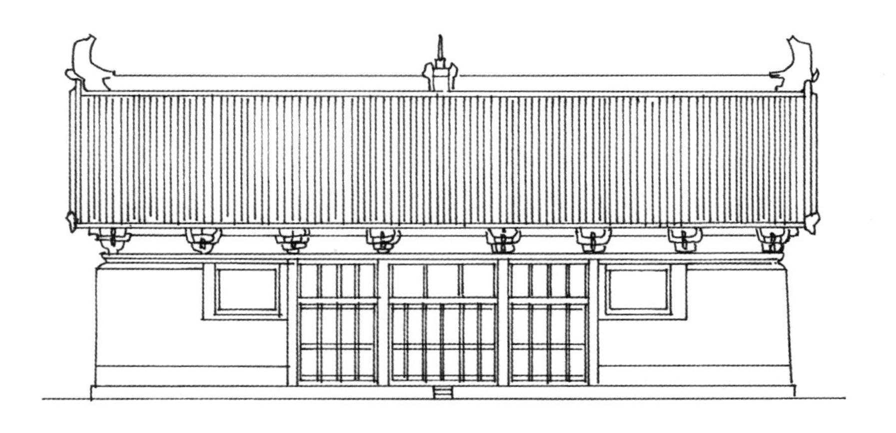

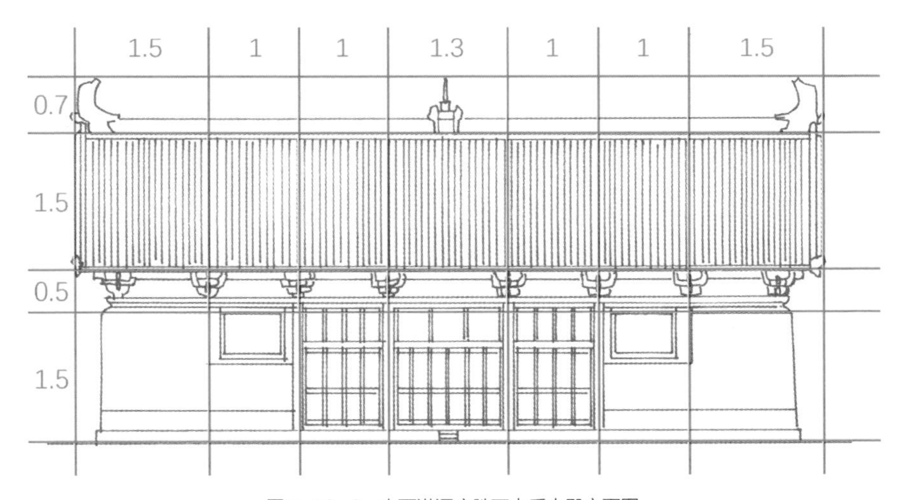

图6-10-2　山西洪洞广胜下寺后大殿立面图

立面图

（1）绘制长宽比为8.3：4.2的矩形辅助框；

（2）按如图所示比例绘制辅助线；

（3）分上、中、下三部分绘制台基、殿身和屋顶，再补充绘制台阶、柱子、门窗、斗拱和屋脊等。

剖面图

（1）绘制长宽比为5.2：3.5的矩形辅助框；

（2）按如图所示比例绘制辅助线；

（3）分上、中、下三部分绘制柱子、斗拱、梁枋以及屋顶，再补充绘制屋脊等。

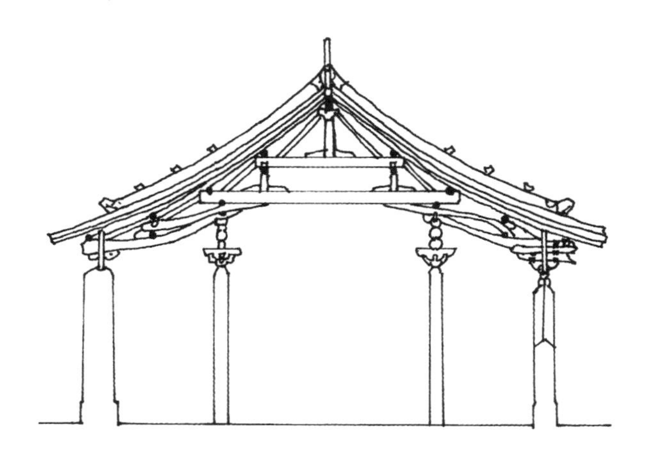

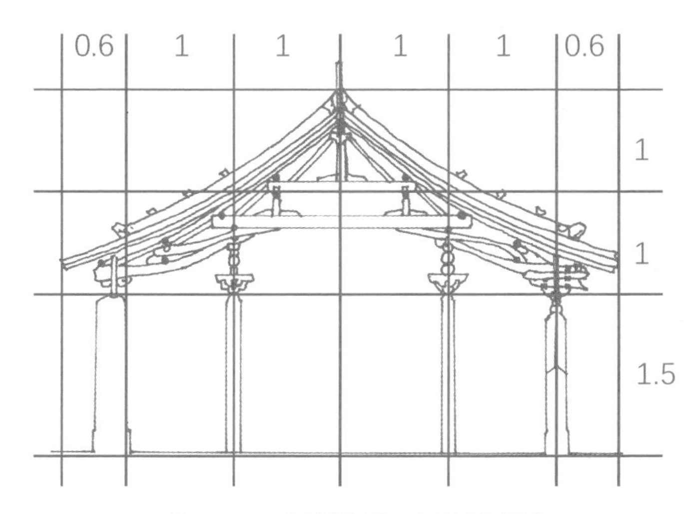

图6-10-3　山西洪洞广胜下寺后大殿剖面图

北京正觉寺金刚宝座塔

正觉寺塔建于明成化九年（公元1473年），是我国金刚宝座塔中的典型实例。塔为全石砌，由须弥座、五层佛龛及五座密檐方塔叠合而成。中心密檐塔较高，共十三层；四角密檐塔较小，均为十一层，象征中土和天下四洲。基座南面开一高大圆拱门，由此入内可至佛龛顶部平台。

绘图步骤：

平面图

（1）分别绘制长宽比为5：4和3.5：3的两个矩形辅助框；

（2）按如图所示比例绘制辅助线；

（3）绘制须弥座、佛龛和五座密檐塔轮廓，再补充绘制台基、门和台阶等。

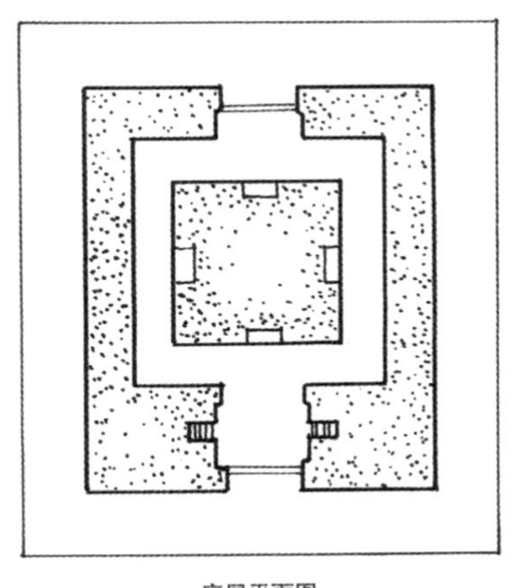

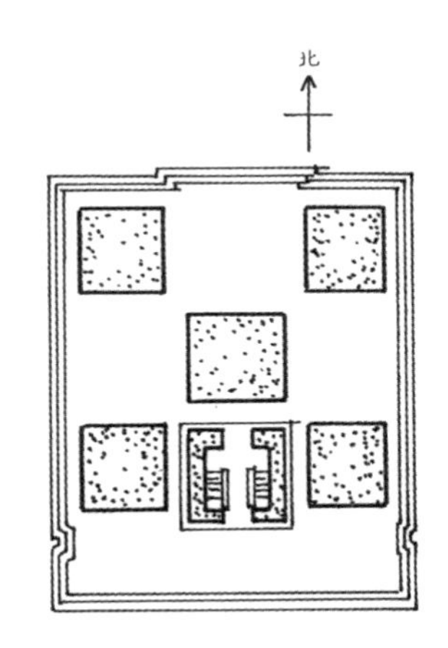

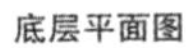

底层平面图　　　　上层平面图

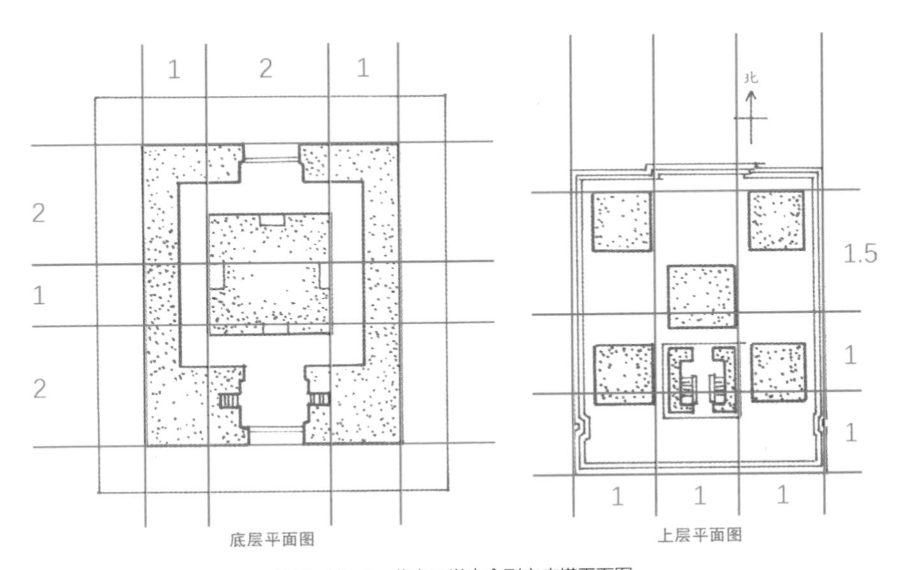

图6-11-1　北京正觉寺金刚宝座塔平面图

立面图

（1）分别绘制长宽比为3：1.5和2：1的两个矩形辅助框；

（2）按如图所示比例绘制辅助线；

（3）分上下两部分绘制须弥座、五层佛龛和密檐方塔，再补充绘制各层细部。

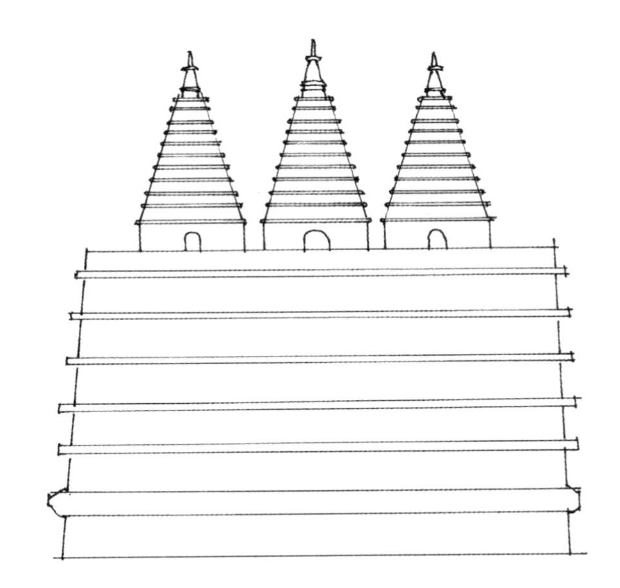

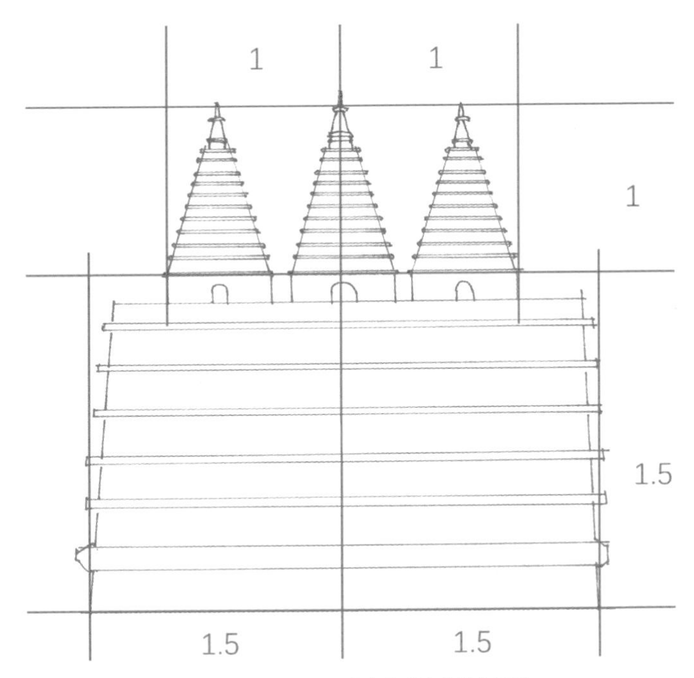

图6-11-2 北京正觉寺金刚宝座塔立面图

七、园林

北京颐和园

颐和园前身为清漪园，是乾隆皇帝为庆祝其母六十寿辰修建的大型山水园林。后经西方列强两次破坏，现存颐和园大部分建筑为光绪三十一年（公元1905年）修复后的遗迹。全园占地面积约290万平方米，其中水面约占四分之三。园区可大致分为三个部分：朝廷宫室区、前山前湖区和后山后湖区。朝廷宫室区位于万寿山东南角，包括东宫门、仁寿殿、德和园等密集的宫殿群，采用对称或封闭的院落组合形式，整体平面布局严谨规整。前山区中心位置的排云殿和佛香阁是全园主体建筑，构成南北向轴线，周围临湖傍水散落若干组庭院和多处亭台楼阁。前湖区由昆明湖、南湖和西湖三部分组成，湖面被河堤分割成若干部分，小岛散落分布其中。后山区林木茂密，水面狭长，与前山的开阔形成对比。后湖区东端仿无锡寄畅园手法修建谐趣园，是清代苑囿中典型的园中园。

绘图步骤：

总平面图

（1）绘制长宽比为8：6.5的矩形辅助框；

（2）按如图所示比例绘制辅助线；

（3）根据网格定位绘制建筑群和湖面，再补充绘制道路、湖堤和景观等。

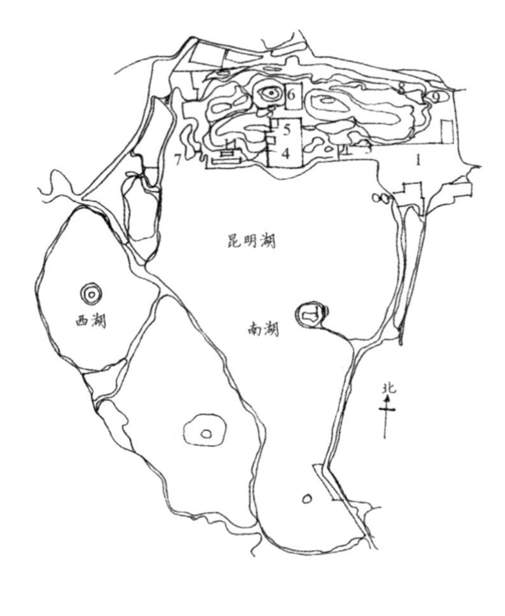

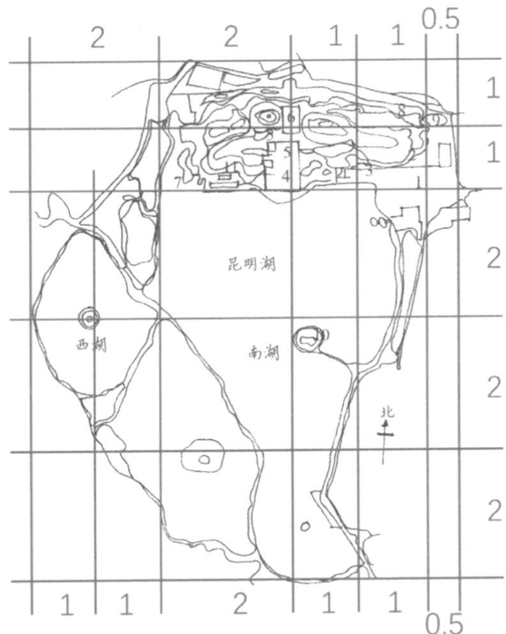

1.东宫门 2.德和园 3.乐寿堂 4.排云殿 5.佛香阁 6.须弥灵境 7.清晏舫 8.后湖 9.谐趣园 10.南湖岛 11.画中游

图7-1 北京颐和园总平面图

北京北海

北海在清代三海（北海、中海、南海）中面积最大，约70万平方米。全园以琼华岛为构图中心，若干建筑群环绕，与唐长安大明宫太液池的布景手法相似。岛南隔水设团城，两者间由一座石拱桥相连。北海的东岸和北岸有濠濮间、画舫斋和静心斋三组幽静的小型园林。此外，北岸还布置了小西天、大西天和阐福寺等几组宗教建筑。

绘图步骤：

总平面图

（1）绘制长宽比为9：6的矩形辅助框；

（2）按如图所示比例绘制辅助线；

（3）根据网格定位绘制湖面轮廓，以及沿岸建筑、池岛和团城，再补充绘制道路、景观等。

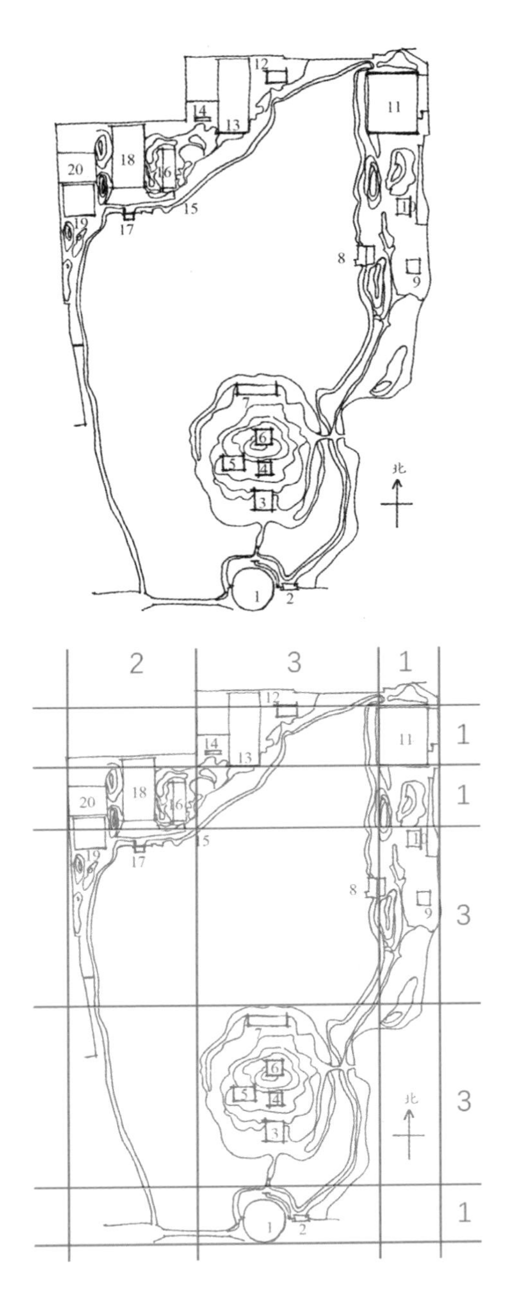

1.团城 2.门 3.永安寺山门 4.正觉殿 5.悦心殿 6.白塔 7.漪澜堂 8.船坞 9.濠濮涧 10.画舫斋 11.蚕坛 12.静心斋 13.大西天 14.九龙壁 15.铁影壁 16.澂观堂、浴兰轩、快雪堂 17.五龙亭 18.阐福寺 19.极乐世界 20.万佛楼

图7-2 北京北海总平面图

八、建筑细部

举折与举架

在宋代的《营造法式》中，确定屋顶坡度及屋盖曲面线的方法被称为“举折”。其中，“举”指屋架的高度；“折”则指因屋架各檩升高的幅度不一致而形成的屋面横断面坡度之间的若干折线。在清工部的《工程做法》中被称为“举架”。

宋式举架先按照殿阁前后橑檐枋水平距离确定总进深B（其余房屋类型若有出跳同前，若无出跳则用前后檐柱心间长度b）；再以（1/3—1/4）B（b）为橑檐枋背至脊槫背的举高H；自橑檐枋至脊槫背面画一条直线，与上平槫中线相交；自此点下折1/10H，确定上平槫位置；以此类推，自上而下确定其余折点位置。

清式举架中，相邻两檩的高差（举高）为步架长乘以相应举架系数。为保证檐部排水坡度适当，举架系数多固定为0.5，此外，常用的还有0.7和0.9。计算时，先确定各步架之间的距离，然后按照举架系数计算各架举高。顺序由下而上，与宋代相反。

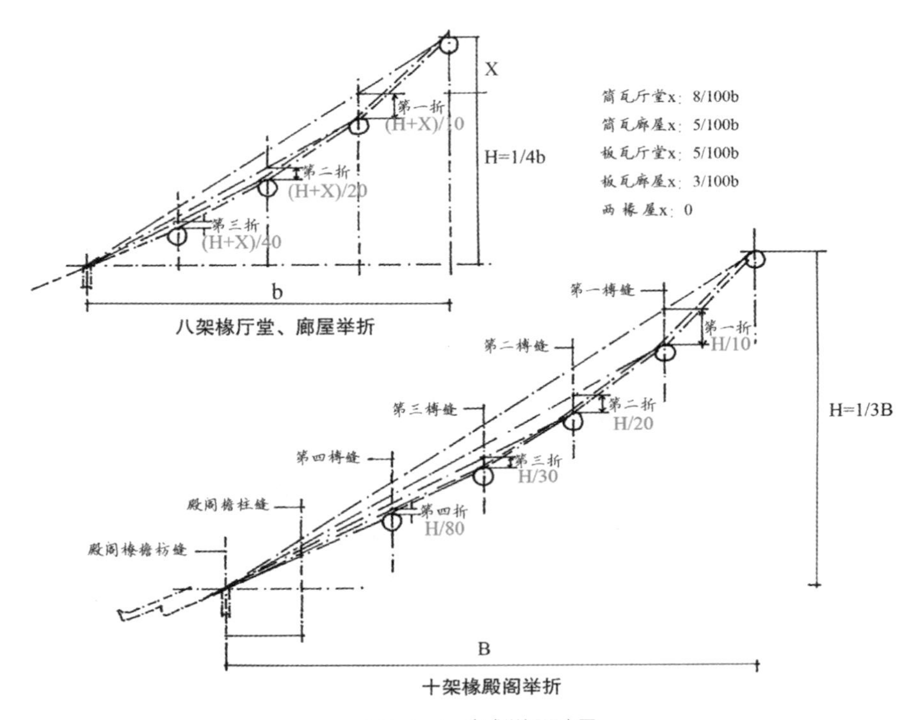

图8-1-1　宋式举折示意图

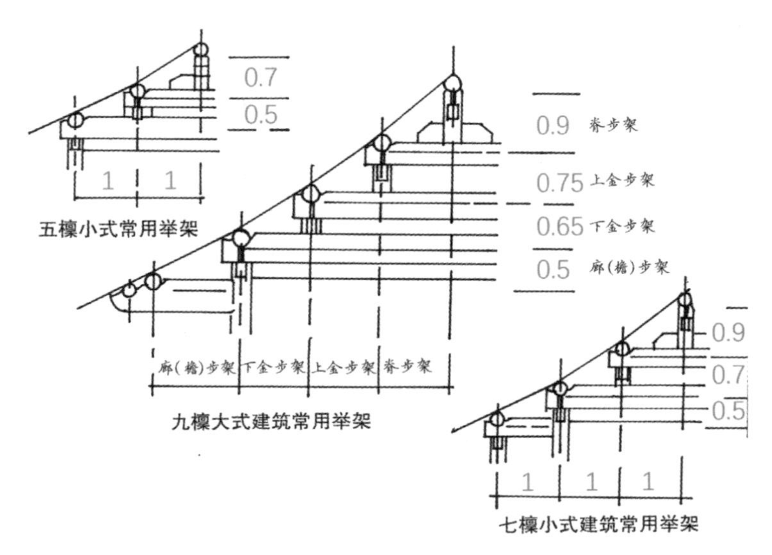

图8-1-2　清式举架示意图

四铺作斗拱

斗拱是我国古代木构架建筑的称重构件，在汉代已普遍开始使用。在柱顶、额枋和檐檩间或构架间，从枋上探出多层弓形的承重结构叫拱；拱与拱之间垫的方形木块叫斗，合称斗拱。宋代的《营造法式》中又称为铺作，清工部的《工程做法》中称为斗科。斗拱最初起传递梁荷载于柱身，以及支撑屋檐以增加出檐深度的作用。唐宋时，它同梁、枋结合为一体，除上述功能外，还成为房屋结构层的一部分。明清以后，斗拱的结构作用退化，主要起装饰等作用。《营造法式》中记载“出一跳谓之四铺作”，即包含自身出跳的一层，以及栌斗、耍头、衬方头，共四层，故称四铺作。依此类推，出二、三、四跳，则为五、六、七铺作。

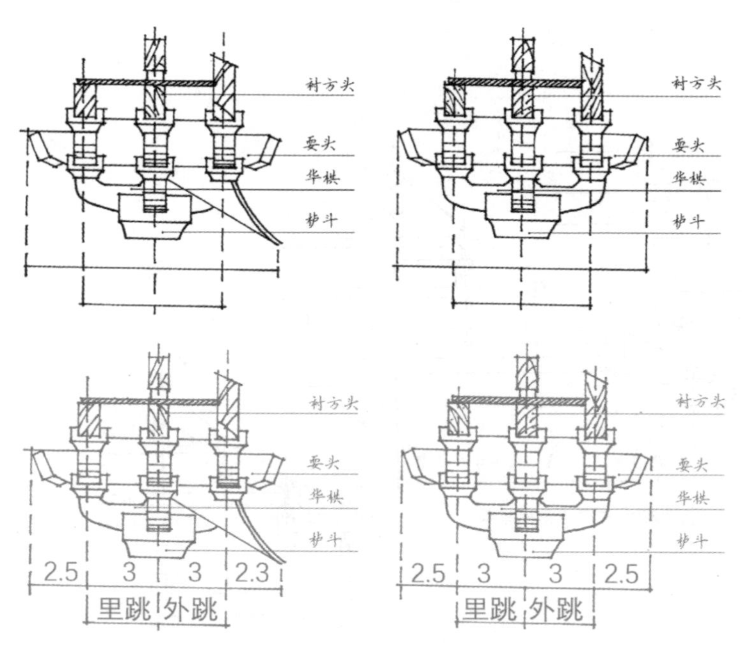

图8-2 《营造法式》四铺作斗拱示意图

须弥座

须弥座由佛像的木须弥座演化而来，一般用于高等级建筑的台基（如坛庙、宫殿主殿，及塔、幢等），分砖作和石作两类，最早实例见于北朝石窟。其中，宋式砖须弥座由十三层砖叠砌而成，其特点为分层多且薄，各层凹凸有序，雕饰细腻、精致。清式石须弥座较前者分层减少至六层，整体尺度也缩小，但每层厚度相对增高，各层造型匀称，体现了石材的厚重、敦实。

图8-3-1　宋式砖须弥座示意图

图8-3-2　清式石须弥座示意图

栏杆（勾栏）

石栏杆又称石勾栏，由木勾栏演化而来。宋式石勾栏可分为重台勾栏和单勾栏，由多个构件组装而成，整体造型苗条、秀美。清式勾栏以寻杖栏杆为通用形式，由栏板、望柱和地栿三种构件组成。其在宋式勾栏式样的基础上，完善了石质栏杆的构造，突出了其敦实、厚重的特点。

（一尺约等于0.33米，一寸约等于3.33厘米）

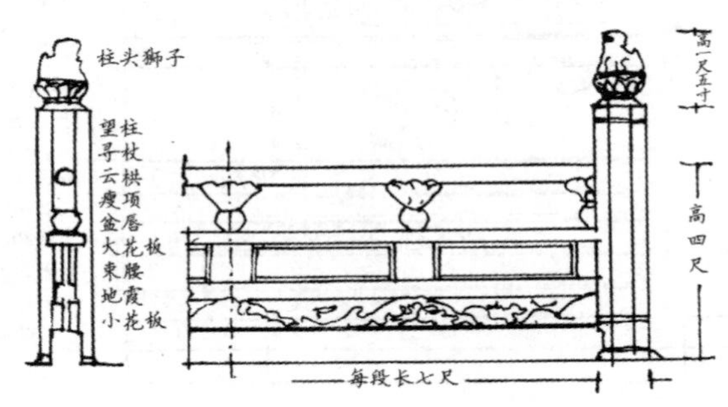

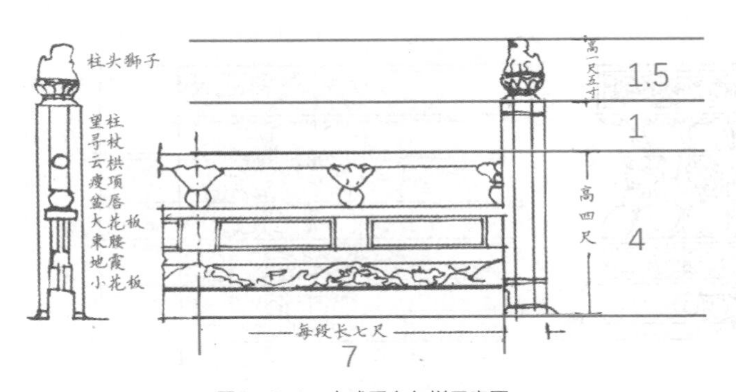

图8-4-1　宋式重台勾栏示意图

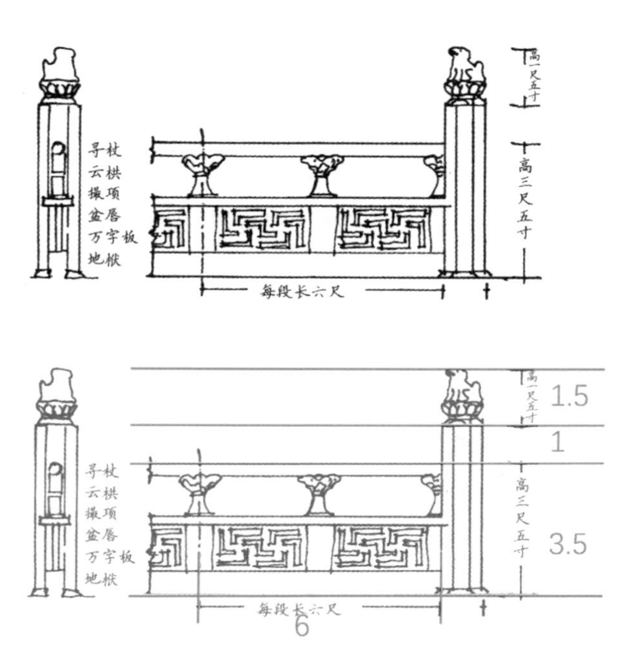

图8-4-2　宋式单勾栏示意图

图8-4-3　清式勾栏示意图

屋顶

中国古建筑的屋顶形式在数千年的发展过程中不断变化和引申，形成了多样的屋顶样式，极大地丰富了建筑物的整体造型，产生了独特的视觉效果和艺术感染力，同时，也满足了排水等实际功能需求。常见的屋顶有庑殿顶（四阿顶）、歇山顶、悬山顶、硬山顶四类，其等级依次降低，且上述四种屋顶的重檐等级高于单檐，单檐中尖山做法的等级又高于圆山（卷棚）做法。此外，还有一些杂式屋顶，如攒尖顶、扇面定、卷棚顶、勾连搭、万字顶等。

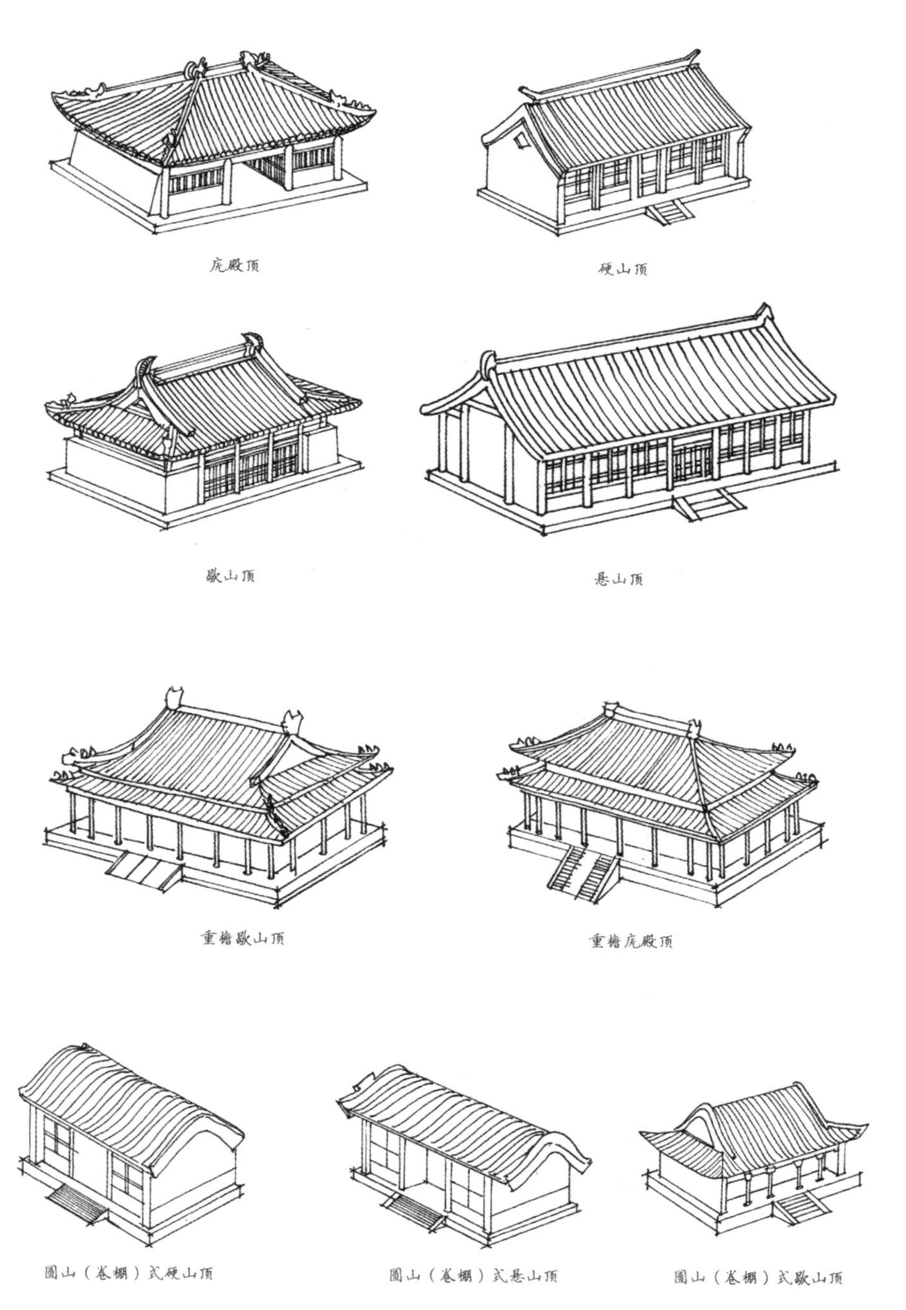

图8-5-1　中国古代单体建筑屋顶式样（正式）

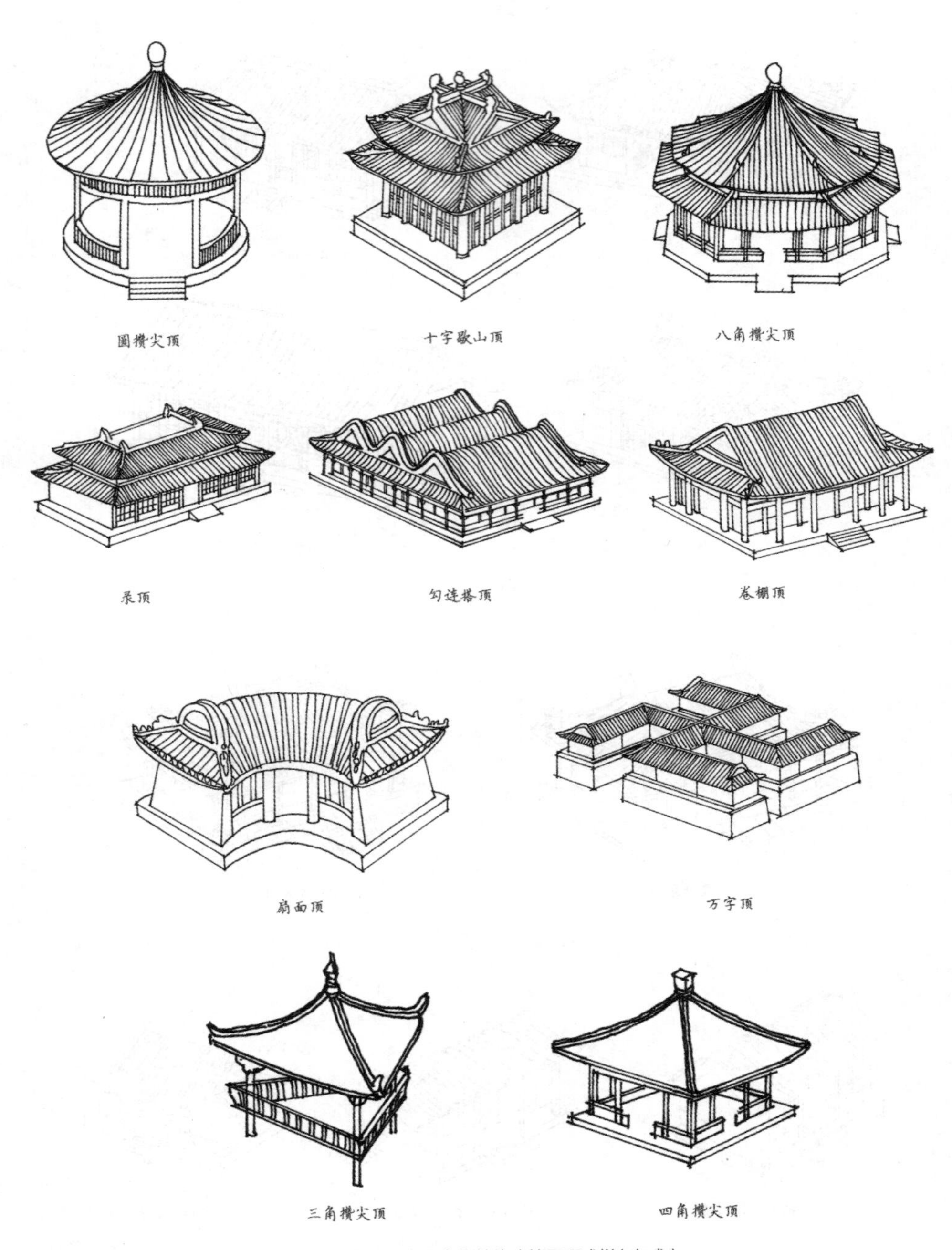

图8-5-2　中国古代单体建筑屋顶式样（杂式）

屋架

明清时期坡屋顶建筑的木构架主要分为抬梁式构架和穿斗式构架两种形式。其中，抬梁式使用较广，多用于官式建筑、大型寺庙以及北方民间建筑等；南方地区的民间建筑主要采用穿斗式。抬梁式为梁柱支撑体系，由于梁柱层叠搭接，柱子部分落地，可以取得较大的跨度，从而获得较大的室内空间，但耗材多；穿斗式为檩柱支撑体系，檩条搁置在由穿枋与柱子串联而形成的一榀榀房架上，柱子全部落地，形成一个整体框架，其用料较少，且可小材大用，空间组合灵活，但室内空间不开阔。

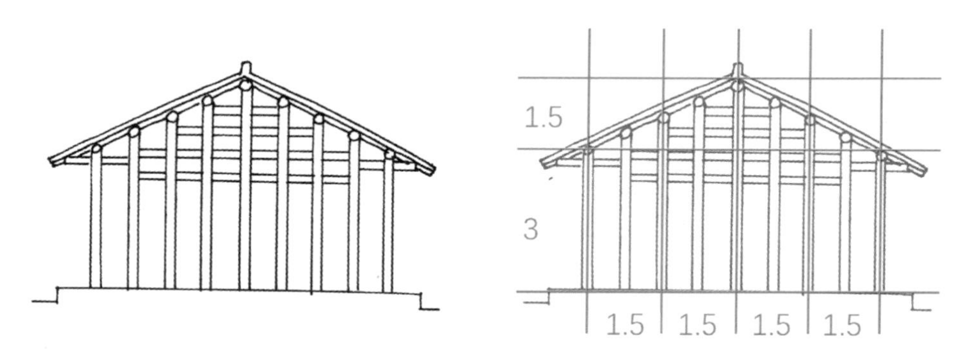

图8-6-1　穿斗式木构架示意图

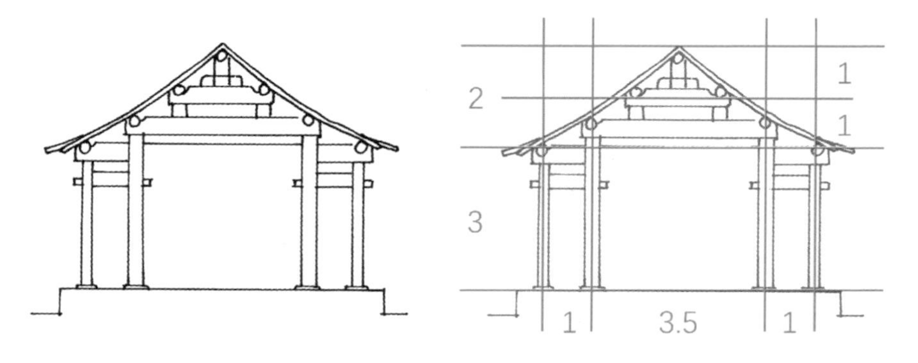

图8-6-2　抬梁式木构架示意图

外国建筑史

一、古埃及

金字塔

1.金字塔形制演变

马斯塔巴作为金字塔的原型，阿拉伯语译为“石凳”。最初是古埃及的一种住宅形式，约公元前4000年成为古埃及贵族的墓葬形式。其多用砖石建造，呈梯形六面体状，分地下墓穴和地上祭堂两部分。

约公元前3000年，世界第一座石头金字塔——昭赛尔金字塔出现，改变了古埃及陵墓形制。其基底东西长126米，南北长106米，高60米，由石头砌筑，呈六层阶台形。入口设置狭长、黑暗的甬道通向院子与金字塔。细部装饰模仿木材、芦苇等纤细纹样，与其单纯、厚重的形制形成对比，凸显强烈的纪念性。

麦登金字塔建于第三王朝末期，基底144.5米见方，高约90米，塔身下部倾斜度约75度；达舒尔金字塔为第四王朝第一个法老所建，基底189米见方，高约101.5米，塔身呈折线形向上收紧。这两种形式的金字塔均为由阶梯状向方锥状过渡的作品。

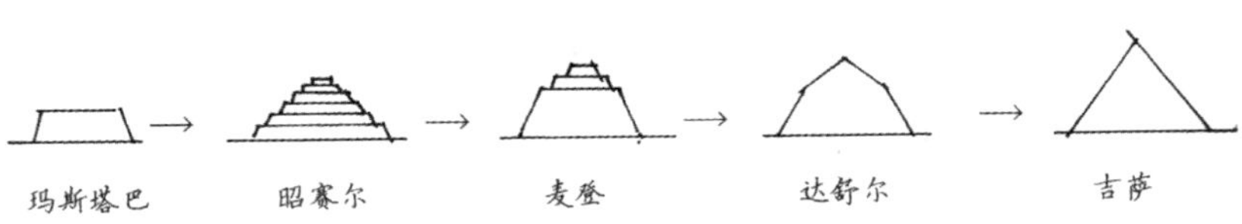

玛斯塔巴 → 昭赛尔 → 麦登 → 达舒尔 → 吉萨

图1-1-1 金字塔形制演变示意图

2.吉萨金字塔群

吉萨金字塔群位于尼罗河西岸，建于公元前2600年至公元前2500年，是古埃及金字塔中最成熟的代表。三个大小不同的正方形椎体互以对角线相联系。可从入口门厅经过石砌密闭的百米甬道进入金字塔前的祭祀厅堂。建造者放弃了对木材、芦苇纹样的模仿，而是在金字塔外贴光滑石灰石板。其形体由平缓向高、集中式发展，形成了典型的纪念性建筑风格。

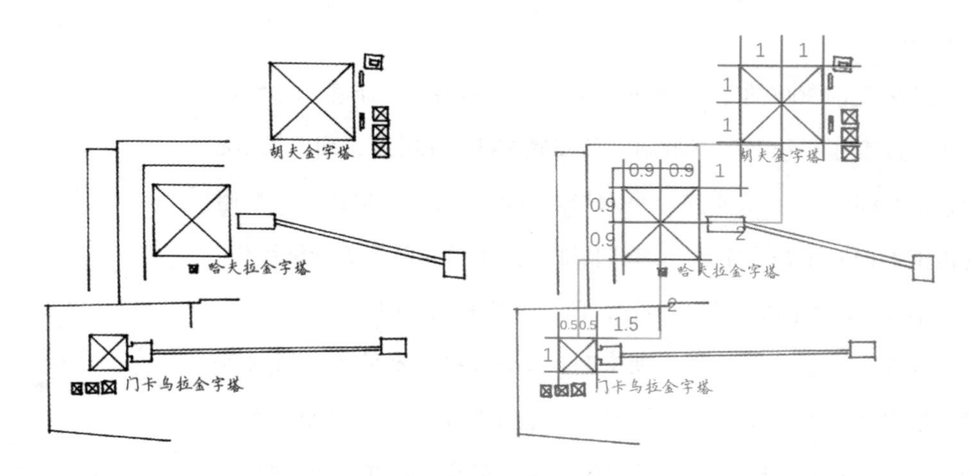

图1-1-2　吉萨金字塔群总平面图

绘图步骤：

总平面图

（1）分别绘制长宽比为1：1、1.8：1.8和2：2的矩形辅助框；

（2）按如图所示比例绘制辅助线；

（3）从上至下分别绘制胡夫金字塔、哈夫拉金字塔和门卡乌拉金字塔，再补充绘制甬道、厅堂等细部。

3.胡夫金字塔

胡夫金字塔是古埃及第四王朝的法老胡夫的陵墓，是世界上最大、最高的埃及金字塔，建于公元前2580年至公元前2560年。塔原高146.59米，基底约230米见方，塔身三角面斜度51度50分。法老墓室位于金字塔中心，王后墓室位于其下部，陪葬品存放于地下墓室中。

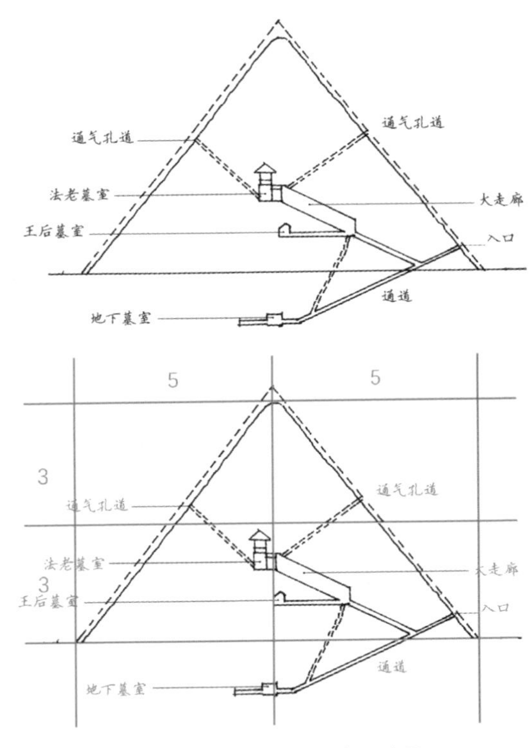

图1-1-3　胡夫金字塔剖面示意图

绘图步骤:

剖面示意图

（1）绘制长宽比为10：6的矩形辅助框；

（2）按如图所示比例绘制辅助线；

（3）分左右两部分，绘制金字塔轮廓，再补充绘制金字塔细部。

太阳神庙

新王国时期，皇帝崇拜与太阳神崇拜结合起来，由此，太阳神庙代替陵墓成为新的纪念性建筑物。在平面布局的一条轴线上依次为大门、围柱式院落、大殿和密室。从入口开始，屋顶逐渐降低，地面逐渐升高，侧墙逐渐内收，空间逐渐缩小。神庙空间有两大特点：外部大门处举行群众性宗教仪式，力求富丽堂皇，与宗教仪式的戏剧性相适应；内部大殿为皇帝接受少数人朝拜之处，力求幽暗密闭，与典礼的神秘性相适应。

绘图步骤：

牌楼门立面图

（1）绘制一个长宽比为6：3的矩形辅助框；

（2）按如图所示比例绘制辅助线；

（3）分左右两部分，中轴对称绘制左右塔楼和中央大门，再补充绘制屋檐、装饰线脚、旗帜等细部。

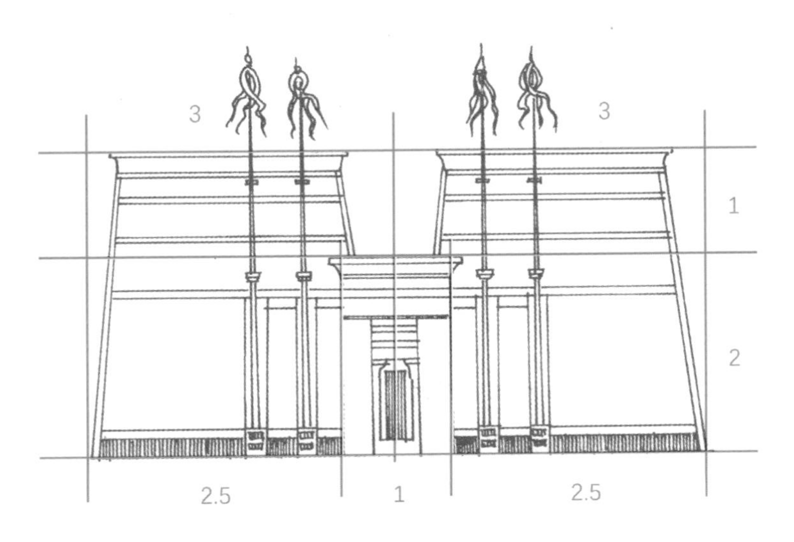

图1-2-1　太阳神庙牌楼门立面图

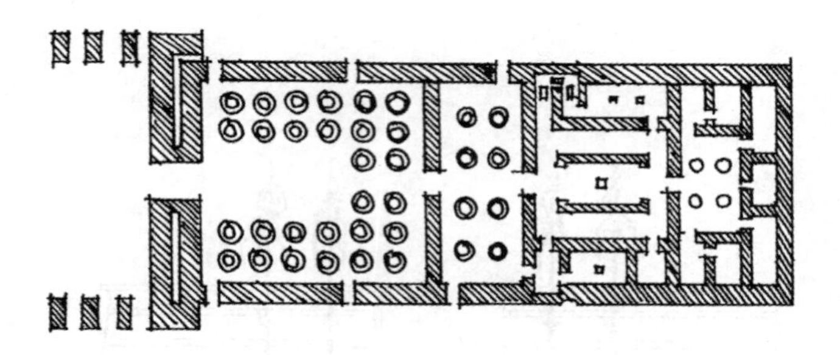

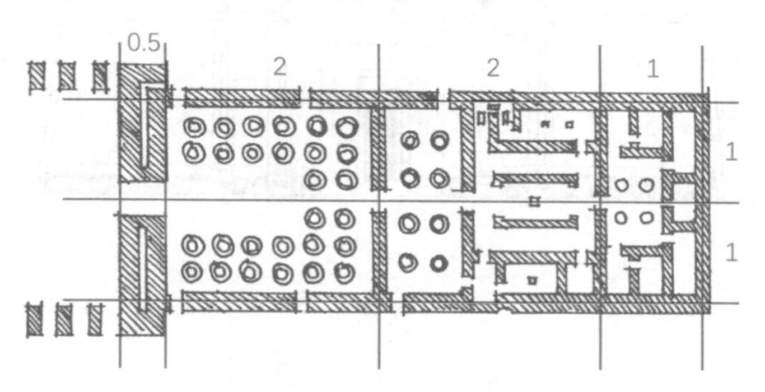

图1-2-2　太阳神庙平面图

太阳神庙平面图

（1）绘制长宽比为5.5：2的矩形辅助框；

（2）按如图所示比例绘制辅助线；

（3）从左至右绘制门、院落、大殿和密室轮廓线，再补充绘制墙体、柱子等细部。

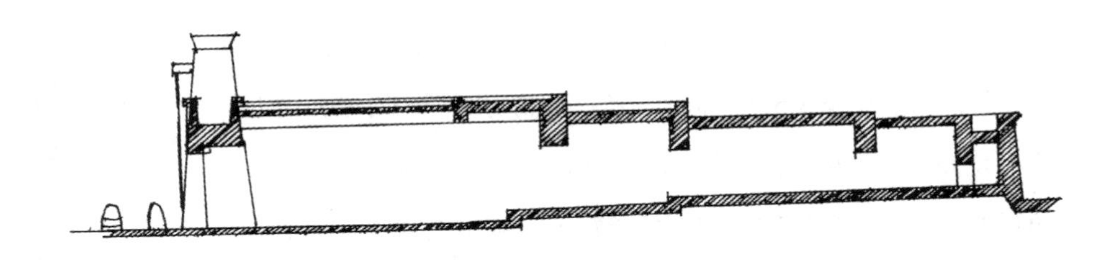

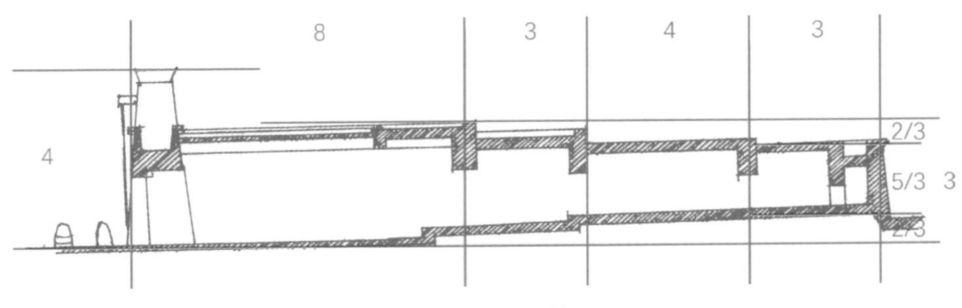

图1-2-3　太阳神庙剖面图

太阳神庙剖面图

（1）绘制长宽比为18：3的矩形辅助框；

（2）按如图所示比例绘制辅助线；

（3）从左至右绘制大门、院落、大殿和密室轮廓线，再补充绘制墙体等细部。

二、古希腊

迈锡尼狮子门

迈锡尼狮子门建于公元前1350至公元前1300年，是迈锡尼卫城最主要的入口。门宽3.5米、高3.5米，两侧为坚固的石墙，门上过梁为一块厚度约0.9米、两端渐薄的巨石。在巨石的门楣上有一个三角形的叠涩券，用以减少门楣的承重力。券洞中间镶有一个三角形石板，其上雕刻一对相向而立的狮子，保护着中央一根象征宫殿的上粗下细的柱子。

绘图步骤：

透视图

（1）绘制长宽比为4：2.4的矩形辅助框；

（2）按如图所示比例绘制辅助线；

（3）分上、中、下三部分绘制门洞、门梁和狮子雕塑，再补充绘制墙体和周围环境等细部。

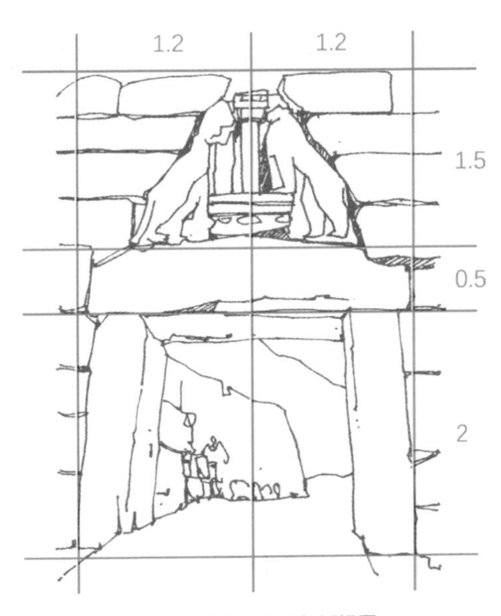

图2-1　迈锡尼狮子门透视图

古希腊柱式

多利克柱式是古希腊三种柱式（爱奥尼、多立克、科林斯）中最早出现的一种。多立克柱式粗大雄壮（1：5.5—1：5.75），开间较小（为柱底径的1.2—1.5倍），檐部较重（高约为柱高的1/3）。柱头为倒圆锥台，无装饰，无柱础。柱身有20个凹槽相交成锋利的棱角，柱子收分和卷杀都比较明显。台基为三层，四角低，中央高，微有弧形隆起。柱式使用线脚极少，且为方线脚，表面为高浮雕，强调体积。

爱奥尼柱式比例修长（1：9—1：10），开间较宽（2个柱底径左右），檐部较轻（高约为柱高的1/4以下）。柱头为精巧柔和的涡卷，有柱础。柱身有24个有小段圆面的棱，柱子无明显收分和卷杀。台基侧面垂直，上下都有线脚，没有隆起。柱式使用多种复合、曲面的线脚，线脚上串有薄浮雕，强调线条。

科林斯柱式是爱奥尼柱式的一个变体。除柱头由忍冬草叶抽象而来，且比例比爱奥尼克柱式更为纤细以外，其余形制与爱奥尼柱式十分相似，但在古希腊神庙中不常使用。

绘图步骤：

示意图

（1）按如图所示比例绘制辅助线；

（2）分上、中、下三部分绘制檐部、柱身和基座；

（3）补充绘制柱础、柱身棱线、柱头、檐部线脚等细部。

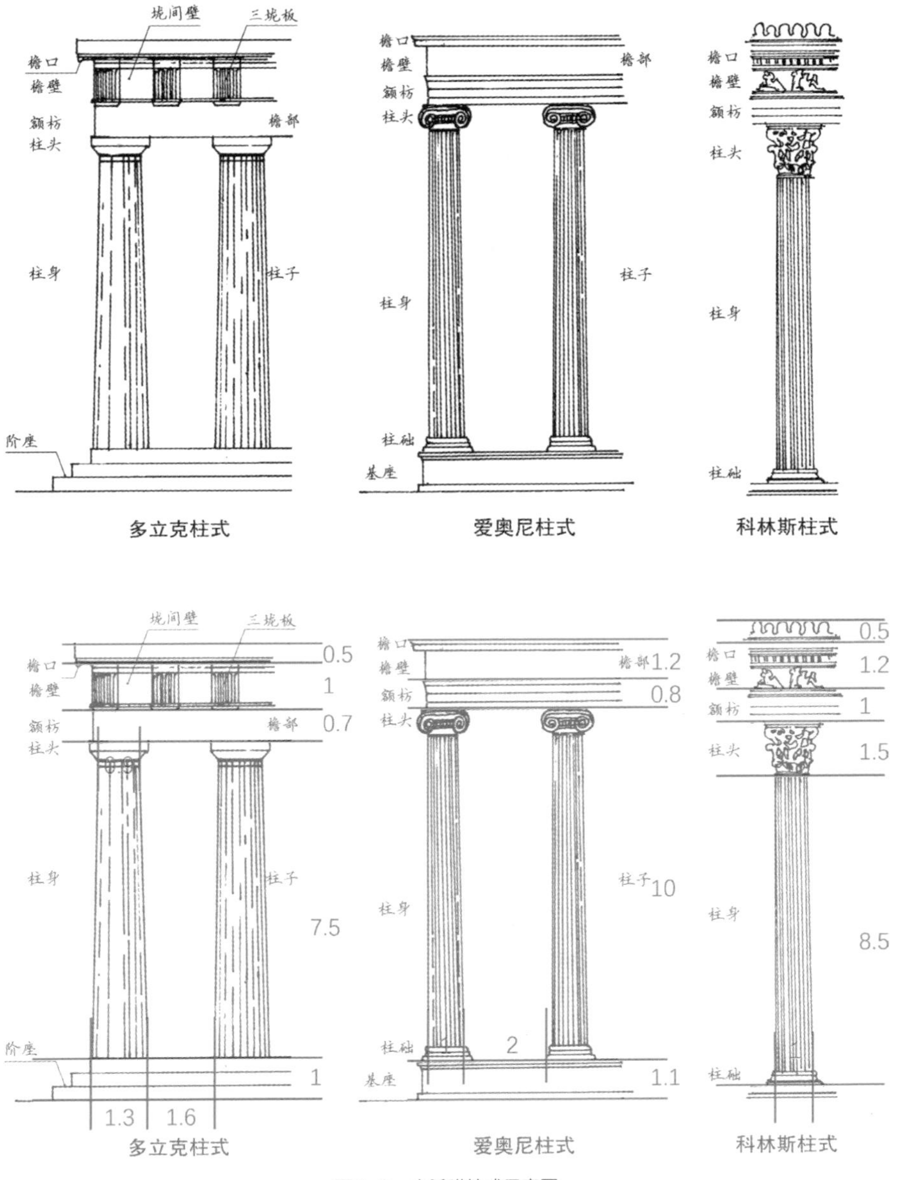

图2-2　古希腊柱式示意图

雅典卫城

雅典卫城位于雅典市中心的山丘上，始建于公元前580年，为纪念雅典守护神雅典娜而建造。其东西长约280米，南北最宽处约130米，占地面积约为4平方千米。卫城依山就势，布局自由错落，弱化了轴线，建筑主次分明。从山门进入后，胜利神庙、雅典娜神像、帕提农神庙、伊瑞克提翁神庙等建筑依次排开，各单体之间通过体量、柱式、山花等方面的变化组合达到均衡构图，是希腊古典时期的代表作。

绘图步骤：

总平面图

（1）绘制长宽比为4：2的矩形辅助框；

（2）按如图所示比例绘制辅助线；

（3）绘制整体平面轮廓，并根据网格定位绘制胜利神庙、山门、女神像、伊瑞克提翁神庙和帕提农神庙等主要建筑，再补充绘制各建筑细部。

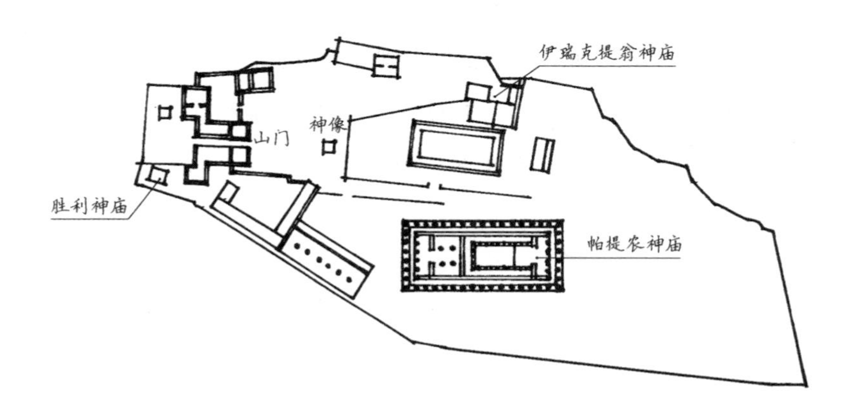

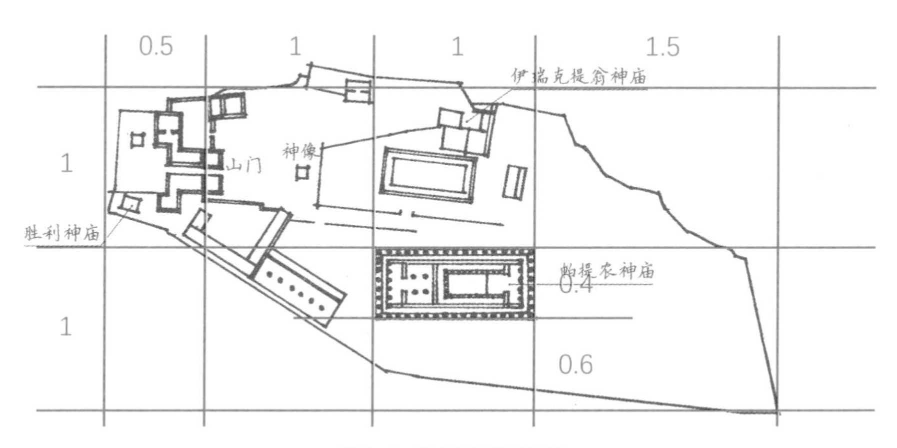

图2-3 雅典卫城总平面图

帕提农神庙

帕提农神庙位于雅典卫城中心和最高处，是卫城中唯一的围廊式庙宇，外围共有136根（8×17）柱子，也是希腊本土最大的多立克式神庙，代表着古希腊多立克柱式的最高成就。它的平面为矩形，东西长约70米，南北宽约31米，整体由白色大理石砌筑，建于三层台阶的基座上。其内部空间分为两部分：朝东的一半为圣堂，中心放置雅典娜神像，南、北、西三面回廊列柱均为双层多立克式，外侧檐壁为爱奥尼式；朝西一半的方厅存放国家档案和财物，内立4根爱奥尼式柱子。神庙整体装饰与雕刻华丽端庄，平面规整对称。

绘图步骤：

平面图

（1）绘制长宽比为8：4的矩形辅助框；

（2）按如图所示比例绘制辅助线；

（3）从外向内绘制柱子和墙体，再补充绘制外围阶座和室内布置等细部。

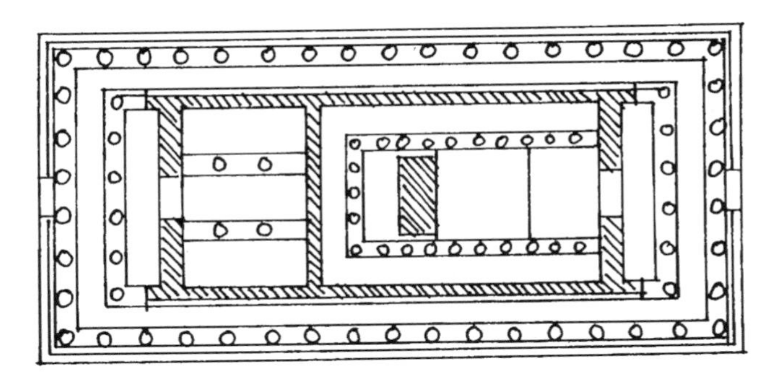

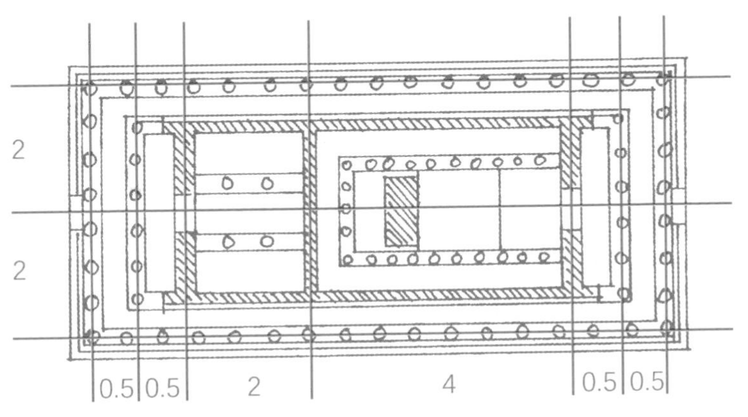

图2-4-1 帕提农神庙平面图

立面图

（1）绘制长宽比为13.5：8.5的矩形辅助框；

（2）按如图所示比例绘制辅助线；

（3）分上、中、下三部分绘制屋顶、檐壁、额枋和多立克柱式，再补充绘制台阶、装饰物、线脚等细部。

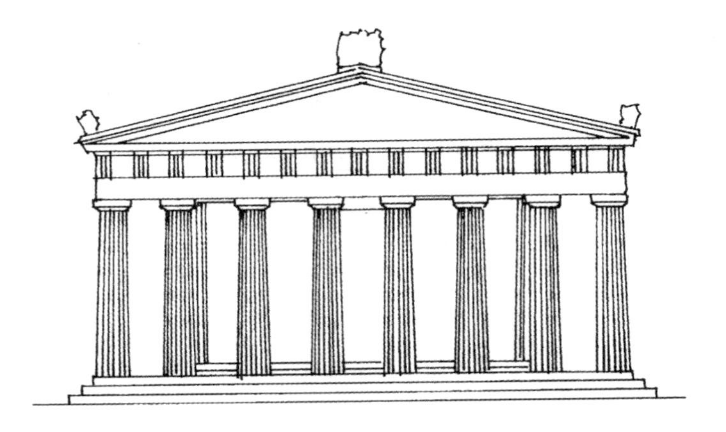

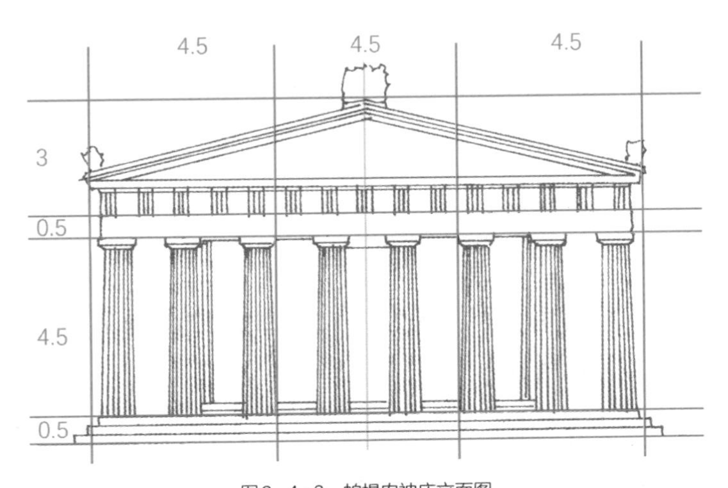

图2-4-2　帕提农神庙立面图

伊瑞克提翁神庙

伊瑞克提翁神庙是雅典卫城中爱奥尼样式的典型代表。根据地形高低和功能需要，其平面采用不对称构图手法，使神庙坐落于三个不同高度之上。长方形的主体圣堂横跨在南北向断坎上；东侧为雅典娜正殿，入口矗立六根爱奥尼柱式形成柱廊；南北立面为封闭石墙，开设窗户；西北侧向外突出面阔三间、进深两间的柱廊；西南侧以六尊女郎雕像为柱，呈面阔三间、进深两间的柱廊。与帕提农神庙相比，整体装饰相对素雅活泼，平面构成灵活。

绘图步骤：

平面图

（1）绘制长宽比为3.5：2.5、8.5：4和2.5：1.5的三个矩形辅助框；

（2）按如图所示比例绘制辅助线；

（3）分上、中、下三部分绘制柱廊、圣堂和女神柱廊的轮廓线和柱子，再补充绘制墙体、台阶和室内布置等细部。

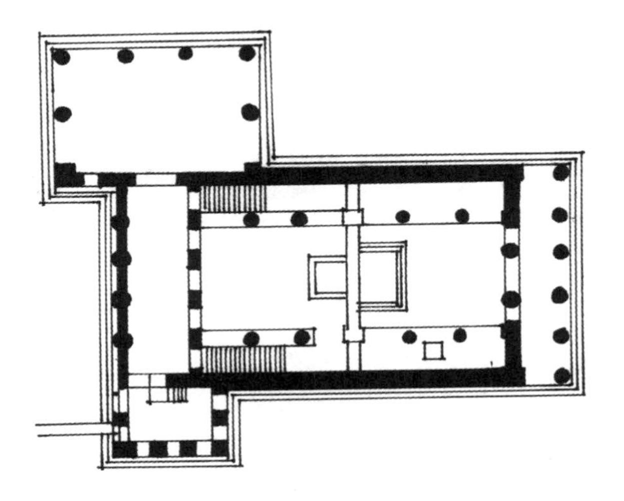

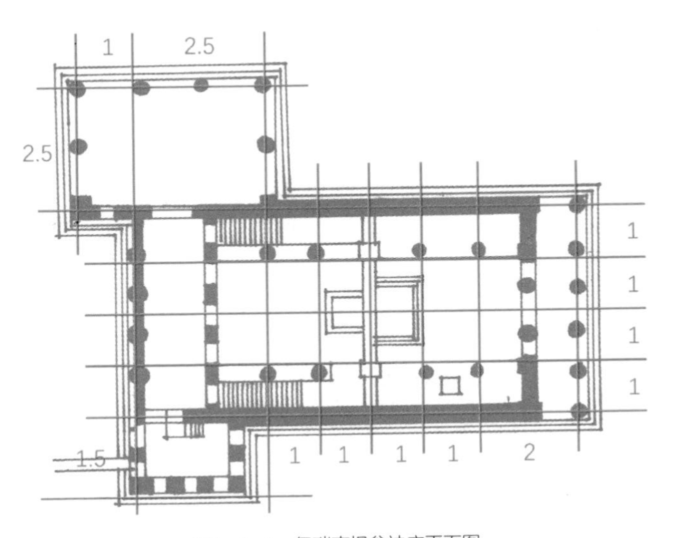

图2-5-1　伊瑞克提翁神庙平面图

立面图

（1）绘制长宽比为5.5：4的矩形辅助框；

（2）按如图所示比例绘制辅助线；

（3）分左、中、右三部分绘制柱廊、圣堂和女神柱廊，再补充绘制台阶、装饰物、线脚等细部。

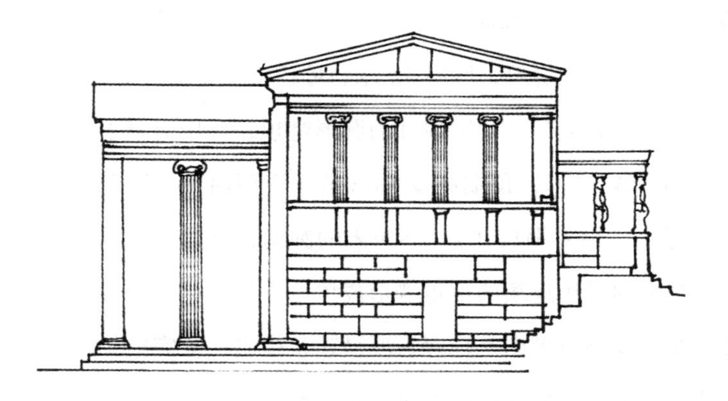

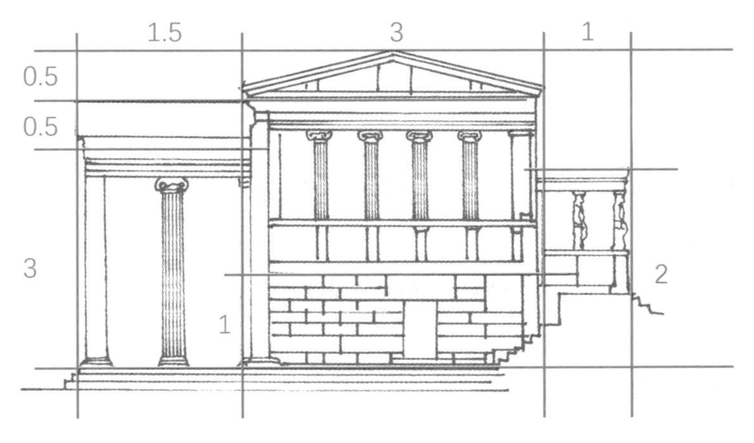

图2-5-2 伊瑞克提翁神庙立面图

三、古罗马

罗马万神庙

罗马万神庙始建于公元前27年，遭毁后重建于约公元125年，由柱廊和神殿两部分组成：柱廊面阔33米，正面立八根科林斯柱。神殿平面为圆形，由混凝土浇筑，墙厚6.2米，墙内有八个大发券，其中七个为壁龛，一个为大门。神殿顶部为圆形穹顶，使用混凝土和砖混合砌筑，直径43.3米，顶端高度43.3米。穹顶内做五圈凹格，凹格越往上越小。顶部中央开直径8.9米的圆洞，是建筑内部唯一的采光口。神殿内采用连续的承重墙形成单一空间，是集中式构图的代表性建筑。罗马万神庙是现存古罗马建筑中唯一被完整保留下来的大型建筑，也是罗马穹顶技术的最高代表。

绘图步骤：

平面图

（1）分别绘制长宽比为4：3.5和2.5：2的矩形辅助框；

（2）按如图所示比例绘制辅助线；

（3）分左右两部分绘制圆形神殿内部3个半圆形壁龛、4个凹陷壁龛以及矩形柱廊轮廓，再补充绘制柱子、门窗、墙体等细部。

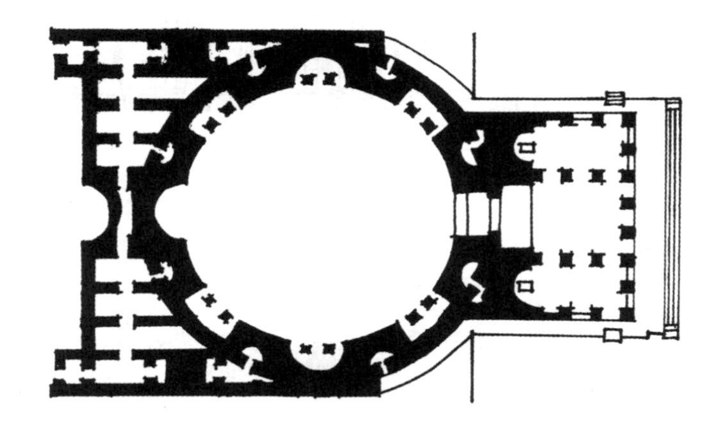

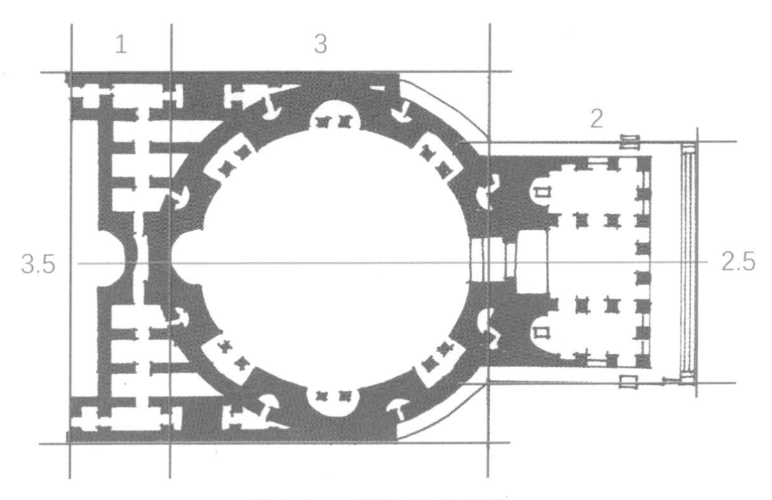

图3-1-1　罗马万神庙平面图

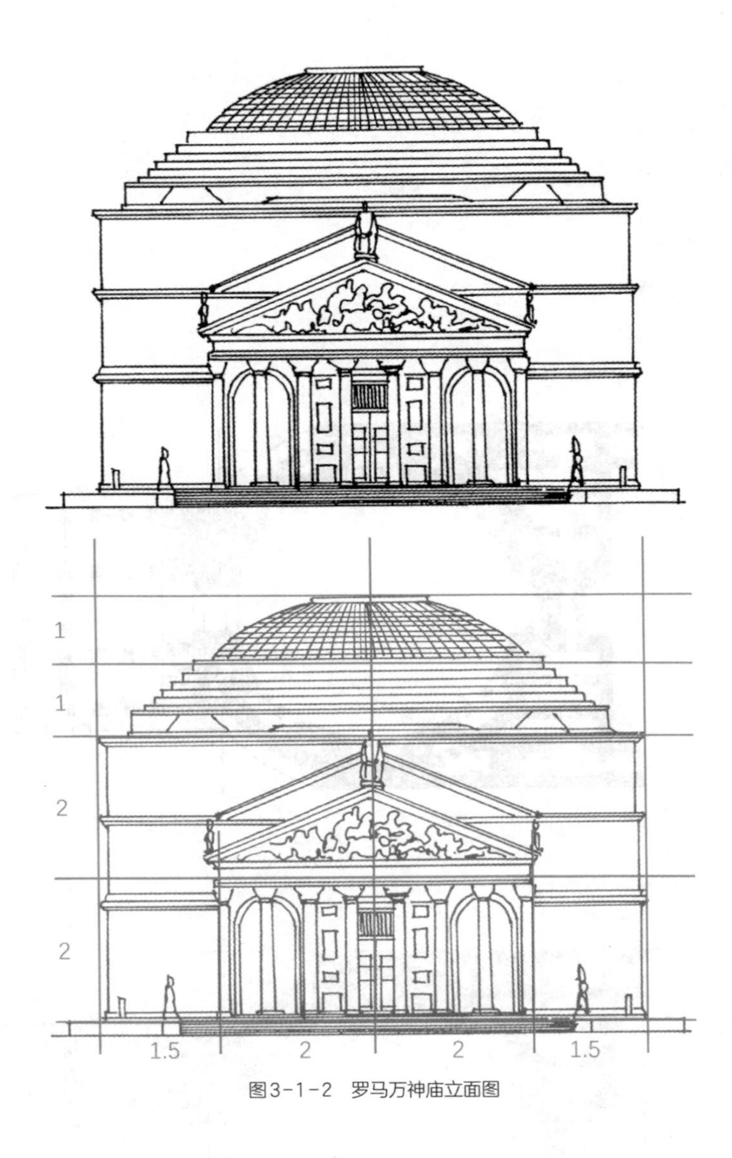

图3-1-2 罗马万神庙立面图

立面图

（1）绘制长宽比为7：6的矩形辅助框；

（2）按如图所示比例绘制辅助线；

（3）分上下两部分，中轴对称绘制穹顶、外墙轮廓和入口，再补充绘制门窗、装饰物、线脚等细部。

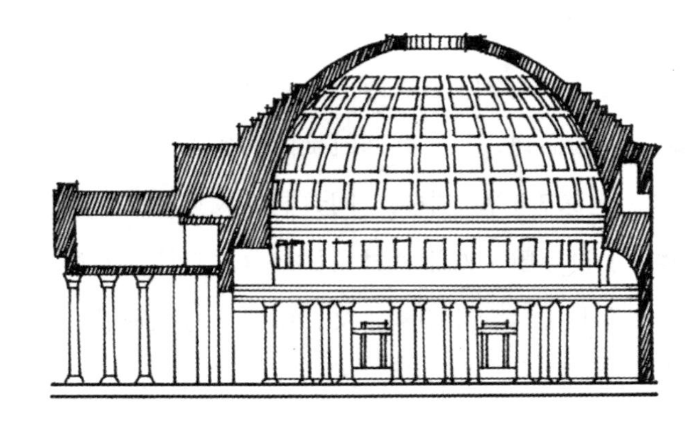

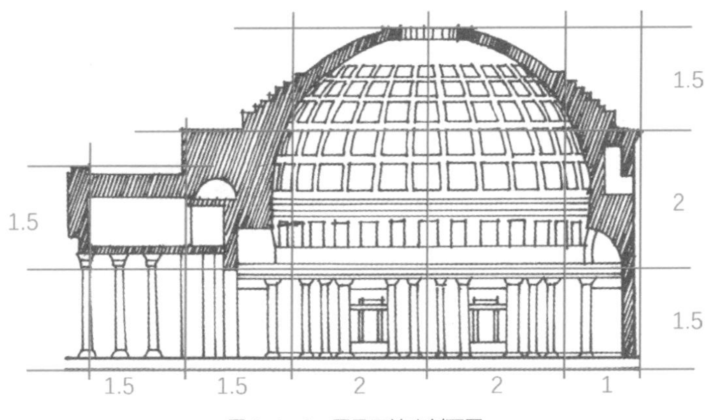

图3-1-3 罗马万神庙剖面图

剖面图

（1）绘制长宽比为8：5的矩形辅助框；

（2）按如图所示比例绘制辅助线；

（3）分左右两部分绘制神殿穹顶、柱子以及左侧柱廊，再补充绘制门窗、墙体等细部。

君士坦丁凯旋门

君士坦丁凯旋门建于公元315年，为庆祝君士坦丁大帝彻底战胜马克森提并统一帝国而建，是三开间凯旋门的代表作。它高21米，面阔25.7米，进深7.4米。中央一间券洞高大宽阔，两侧开间较小且券洞矮，上设浮雕。八根科林斯柱式分立凯旋门前后两面的柱基上，上接女儿墙。女儿墙刻铭文，墙头立有象征胜利和光荣的青铸铜马车。

绘图步骤：

透视图

（1）绘制长宽比为8：6.5的矩形辅助框；

（2）按如图所示比例绘制辅助线；

（3）分左、中、右三部分，中轴对称绘制三开间卷洞、四根柱式、基座和女儿墙，再补充绘制浮雕、线脚及装饰物等细部。

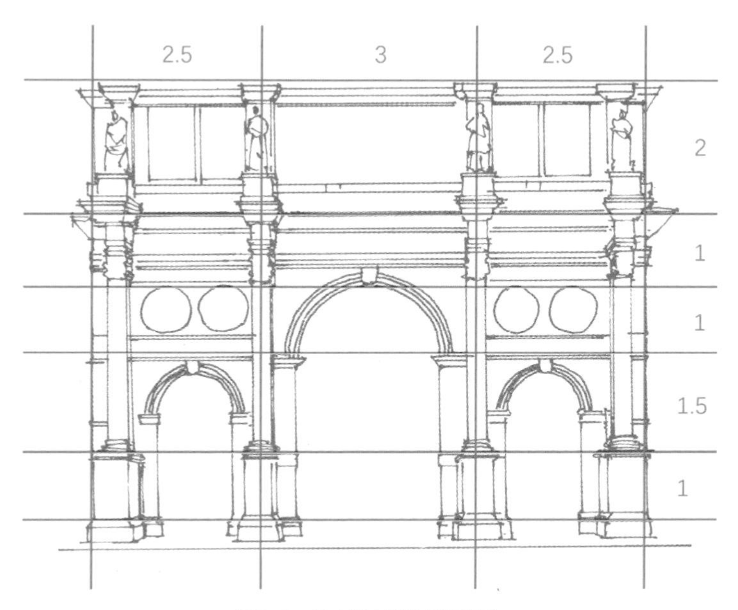

图3-2　君士坦丁凯旋门透视图

巴西利卡

巴西利卡是古罗马的一种公共建筑形式。其特点是平面为矩形，外侧设一圈柱廊，端头有半圆形龛。内部空间被多排柱子纵向分为多个长条，中央较宽的为中厅，两侧较窄的为侧廊。屋顶采用条形拱券，中厅部分高于侧廊部分，从而利用高差开侧窗。这种建筑形式内部容量大，结构简单，是古罗马时期基督教堂最常用的形制。

绘图步骤：

平面图

（1）绘制长宽比为10：7的矩形辅助框；

（2）按如图所示比例绘制辅助线；

（3）分上、中、下三部分，中轴对称绘制中厅和侧廊，以及左侧拱廊和右侧半圆形壁龛轮廓，再补充绘制门窗、墙体等细部。

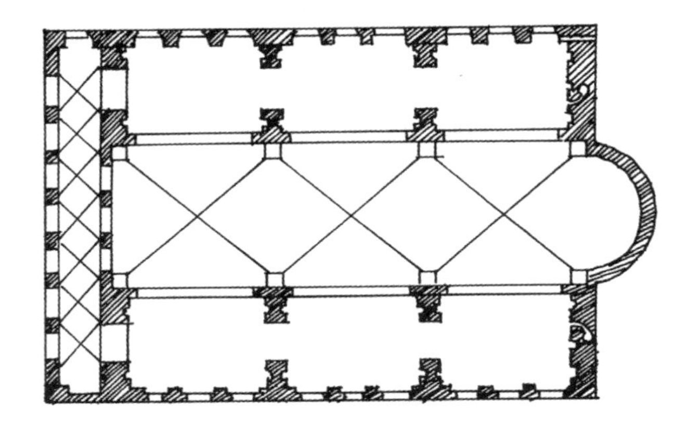

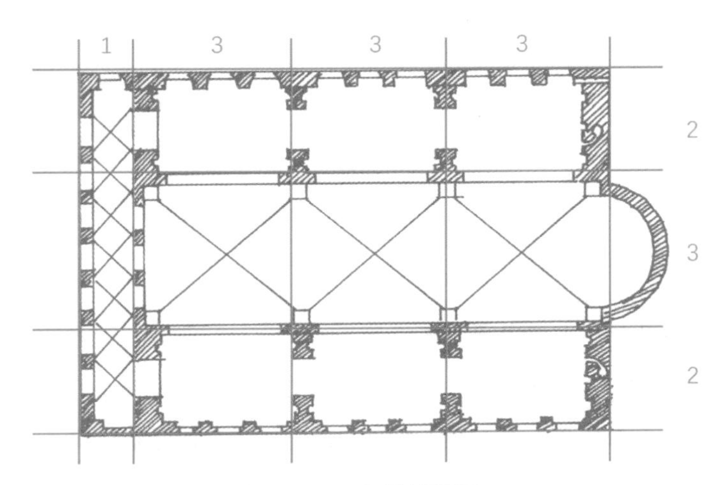

图3-3-1　巴西利卡平面图

剖透视图

（1）绘制长宽比为7：5的矩形辅助框；

（2）按如图所示比例绘制辅助线；

（3）分左、中、右三部分绘制中厅、侧廊墙体和柱子，再补充绘制门窗和屋顶等细部。

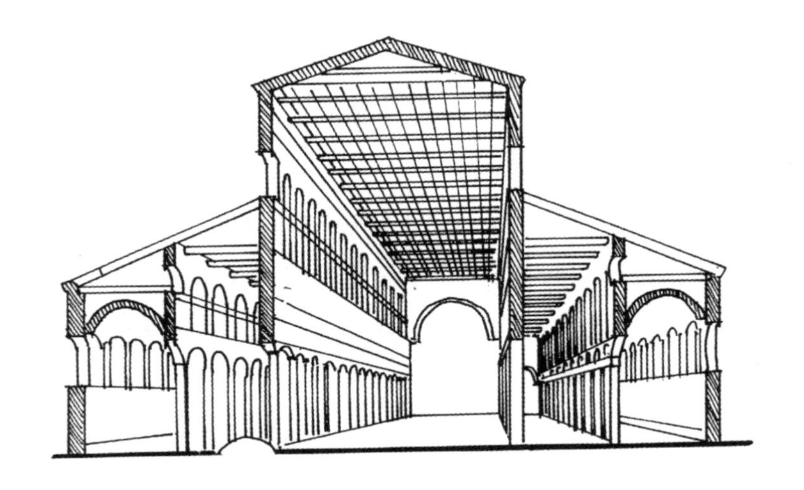

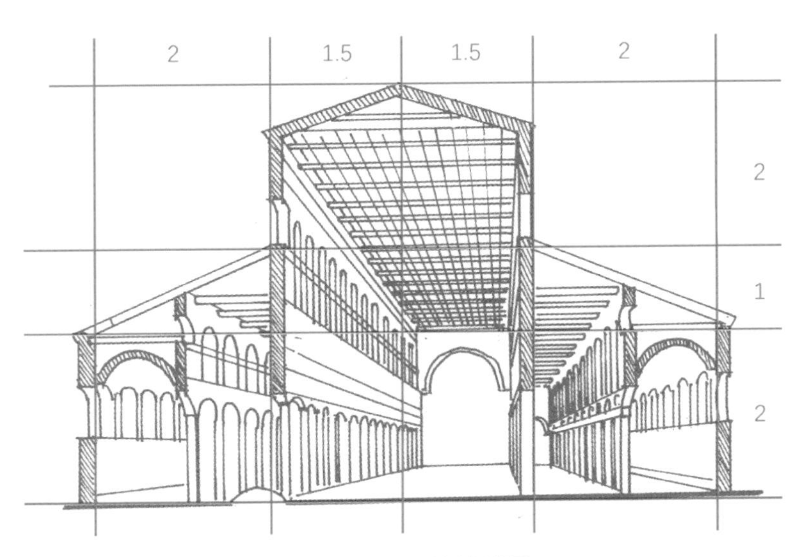

图3-3-2 巴西利卡剖透视图

图拉真广场

图拉真广场建于公元107年，为纪念图拉真大帝远征罗马尼亚获胜而建。广场总长300米，最宽处185米，总平面呈轴线对称式多层次布局。入口处为三跨凯旋门，后为120米×90米的广场。广场两侧敞廊在中部各有一个直径45米的半圆厅，形成广场的横轴线。在纵横轴线的交点上，立着镀金的图拉真骑马青铜像。广场接连120米×60米的乌尔比亚巴西利卡，这是古罗马最大的巴西利卡之一。巴西利卡的两端有半圆形的龛，即强调了它的轴线，也强调了它和广场的垂直关系。巴西利卡之后为一个24米×16米的院子，中央矗立总高35.27米的罗马多立克式纪功柱。院子后方接续围廊式院子，中央为图拉真神殿。

绘图步骤：

总平面图

（1）分别绘制长宽比为5.5：5和2：2的两个矩形辅助框；

（2）按如图所示比例绘制辅助线；

（3）分上、中、下三部分，中轴对称绘制广场外轮廓，再补充绘制图拉真神殿、乌鲁比思会堂以及柱子、围廊、铜像等细部。

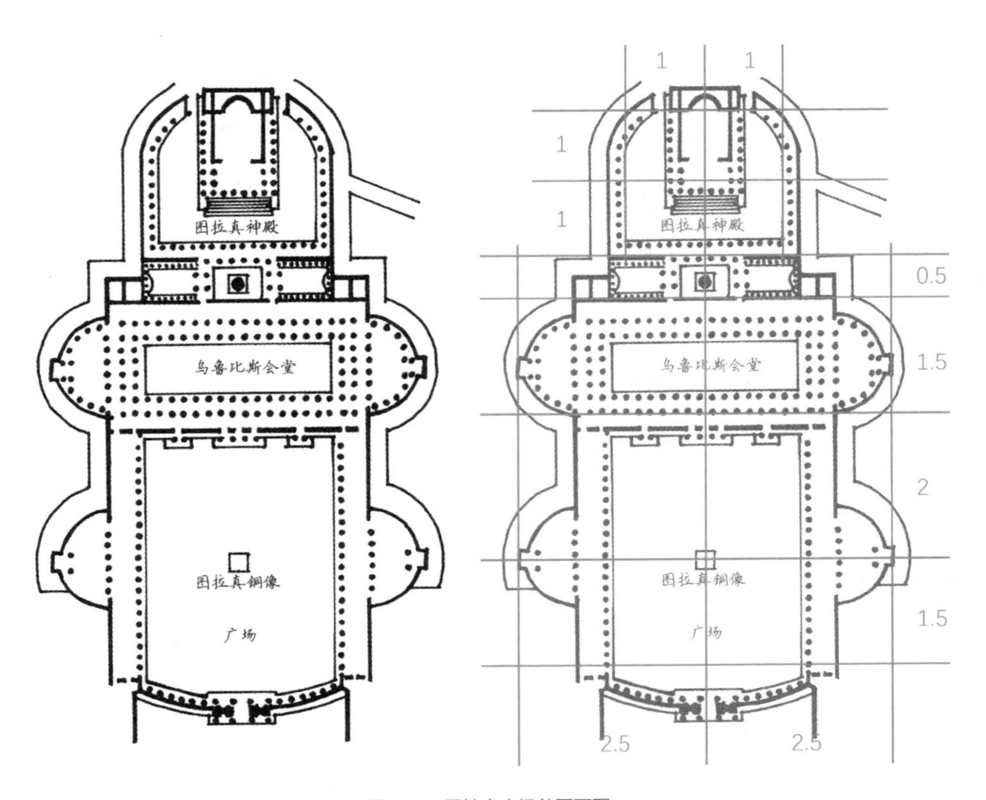

图3-4　图拉真广场总平面图

1.券柱式

将券拱套在柱式的开间里，落在方的墙墩或柱子上作为承重结构。柱式贴在拱券的表面，凸出于墙面大约1/2或3/4个柱径，仅作为装饰，不起结构作用。柱式开间变宽，但其具体形制不变。

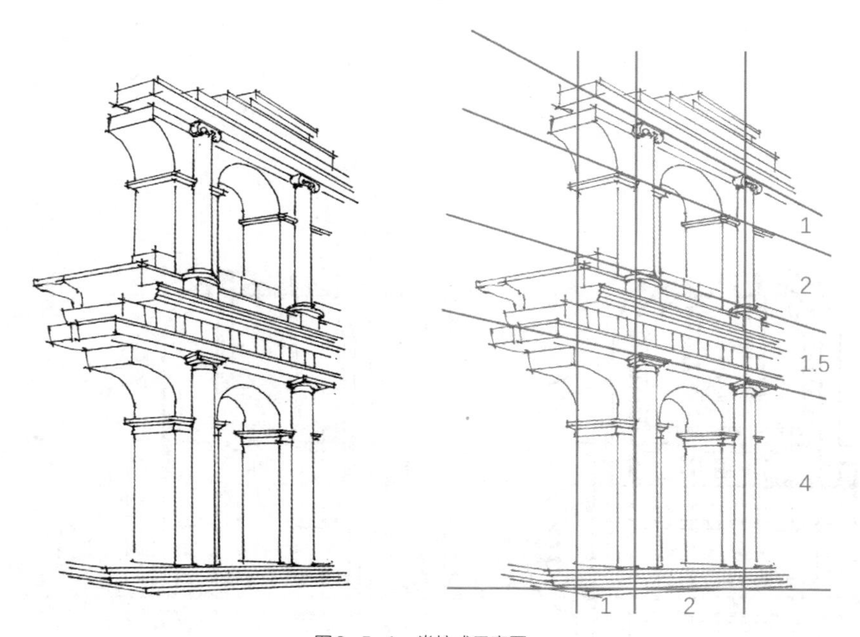

图3-5-1　券柱式示意图

绘图步骤：

示意图

（1）按如图所示比例绘制辅助线（一点透视）；

（2）分上下两部分绘制券拱和凸出墙面的柱子，再补充绘制装饰线脚等细部。

2.叠柱式

把不同券柱式进行叠加，多为两层。一般底层采用塔司干柱式或多立克柱式，第二层为爱奥尼柱式，第三层为科林斯柱式，第四层为科林斯式。上层柱子的轴线比下层的略向后退，显得稳重。券拱为承重结构，柱子不承重，仅作为单纯装饰构件。

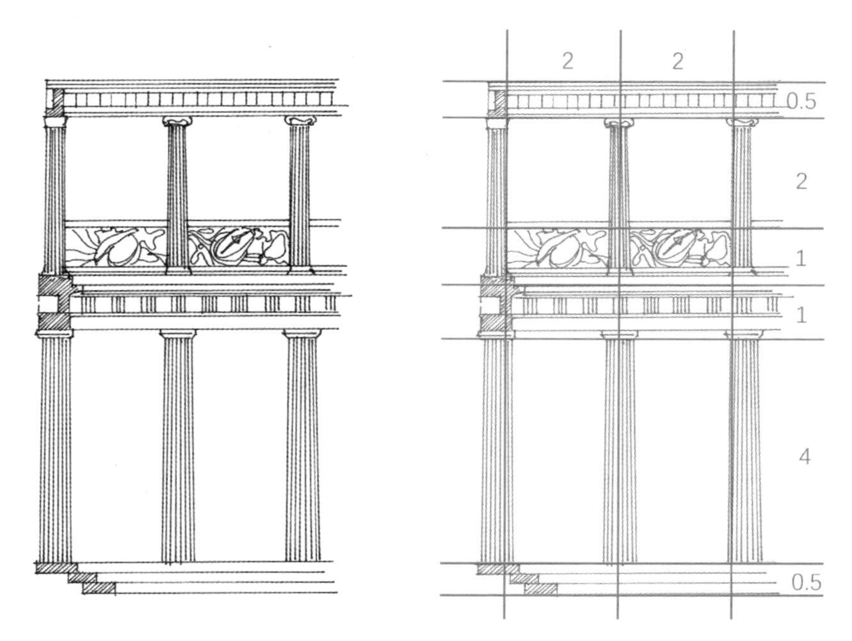

图3-5-2　叠柱式示意图

绘图步骤：

示意图

（1）绘制长宽比为9：4的矩形辅助框；

（2）按如图所示比例绘制辅助线；

（3）分上下两部分，绘制第一层的多立克柱式和第二层的爱奥尼柱式，再补充绘制装饰线脚等细部。

四、拜占庭

帆拱

在四个柱墩上沿方形平面四边分别形成发券，在四个发券之间砌筑以方形平面对角线为直径的穹顶。对穹顶水平剖切后，水平切口与四个发券共同组成的四个球面三角形被称为帆拱。帆拱的应用解决了方形平面上覆盖圆形穹顶的问题。通过四角柱墩承重，取代了连续的承重墙，从而释放了建筑内部空间。

绘图步骤：

示意图

（1）绘制正方体辅助框；

（2）以底面对角线为直径画半球体；

（3）以正方形边长为直径在半球体上画半圆形拱券，再补充绘制拱券顶端的圆柱形鼓座和半球形穹顶。

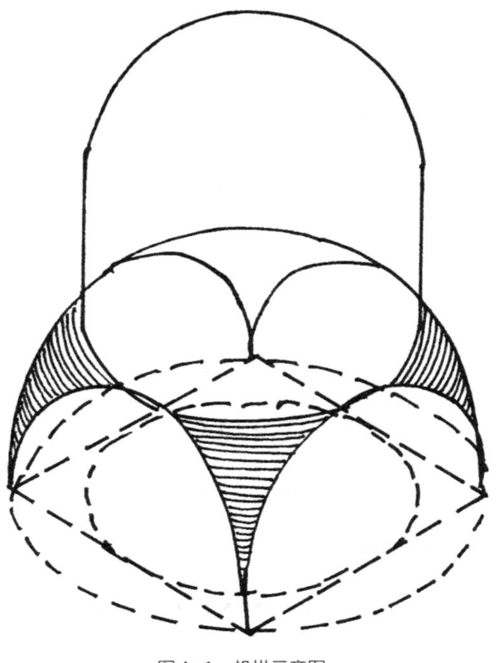

图4-1　帆拱示意图

圣索菲亚大教堂

圣索菲亚大教堂建于公元532年至537年间，是拜占庭帝国的主教堂。其平面采用希腊十字式，东西长77米，南北宽71.7米。入口处有门廊，末端是半圆神龛。东西方向以三个大穹顶覆盖，下方空间连续，但与南北方向两侧空间被明确分开。中央空间无柱，采用帆拱上覆盖穹顶的方式，摆脱了连续的承重墙。其东西方向由两个1/2穹顶和四个1/4穹顶组成，南北方向采用两个筒形拱结构，形成了多个穹顶和柱墩组合传递重量和侧推力的结构体系。南北两侧加设楼层，透过柱廊与中央部分相通。整体采用集中式布局，具有明确的向心性，突出了中央穹顶，形成了即曲折多变又集中统一的内部空间。

绘图步骤：

平面图

（1）绘制长宽比为6.5：5的矩形辅助框；

（2）按如图所示比例绘制辅助线；

（3）分上下两部分，中轴对称绘制教堂主体和入口门廊，再补充绘制室内墙体、门窗和末端半圆神龛等细部。

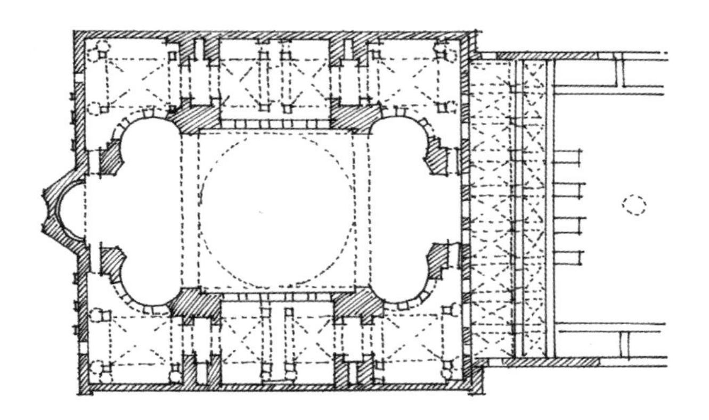

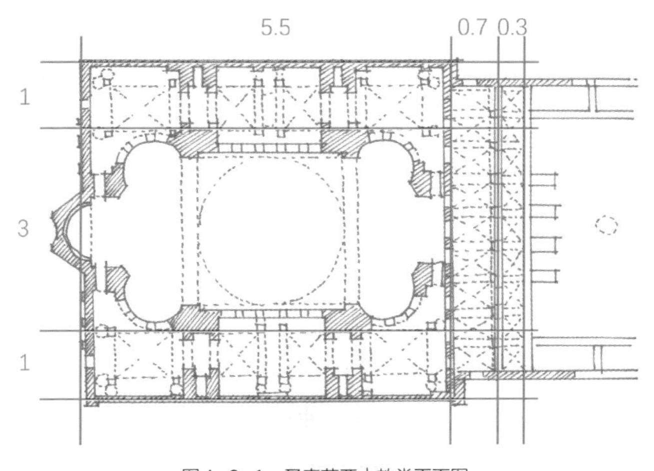

图4-2-1 圣索菲亚大教堂平面图

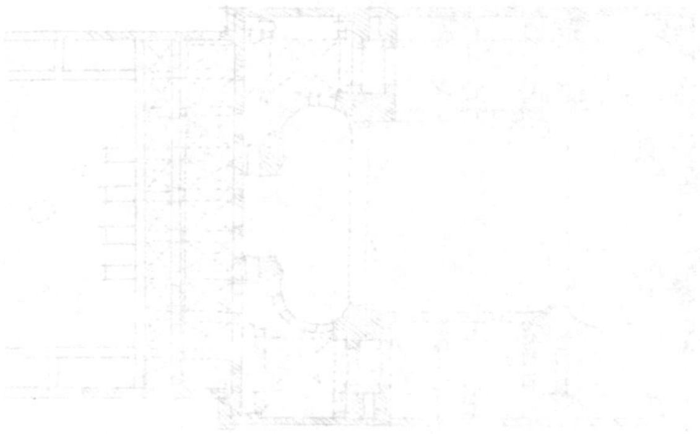

剖面图

（1）绘制长宽比为7.9：4的矩形辅助框；

（2）按如图所示比例绘制辅助线；

（3）分上、中、下三部分绘制顶部穹顶、中部半穹顶和下部拱顶，再补充绘制各层柱子、门窗、屋顶装饰以及右侧入口门廊等细部。

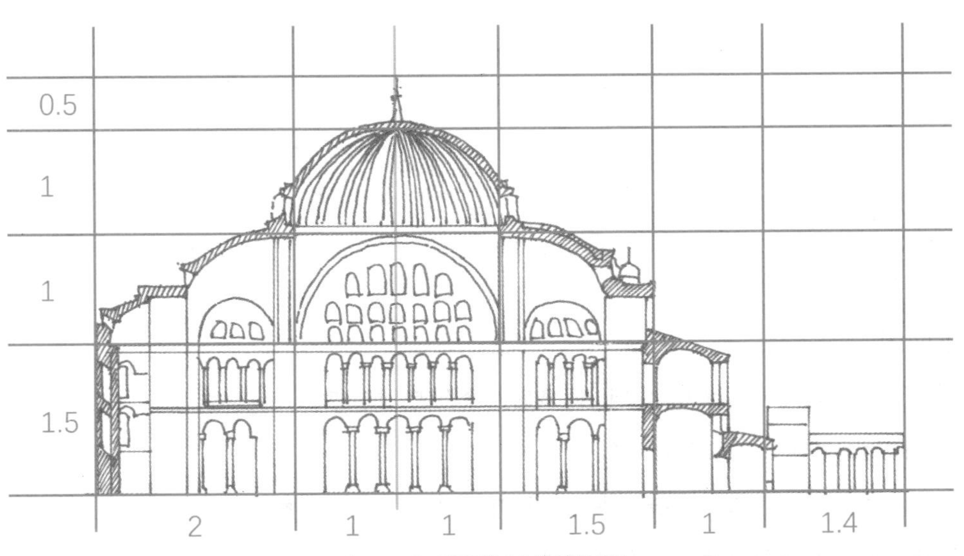

图4-2-2 圣索菲亚大教堂剖面图

五、西欧中世纪

圣赛南主教堂

圣赛南主教堂建于公元1080年至1120年间，是现存最大的“罗马风”教堂之一。其平面为典型的拉丁十字式巴西利卡。入口在西，中厅东西长115米，五开间，采用筒形拱顶结构。每个开间对应一条横向拱肋，下方承接半圆形壁柱。由于侧廊的拱顶抵住中厅拱顶的起脚，因此中厅无侧高窗。两排侧廊均开采光窗，仅内层侧廊增设二层。横厅东侧和东端圣坛设置祈祷室共9间。纵横两厅中央交叉部分立四个粗大柱墩，其上有高出屋顶的采光塔。

绘图步骤：

平面图

（1）分别绘制长宽比为4.5：2和4：3的两个矩形辅助框；

（2）按如图所示比例绘制辅助线；

（3）分左、中、右三部分绘制中厅、横厅、耳堂、后殿的轮廓线和柱子，再补充绘制墙体、门窗等细部。

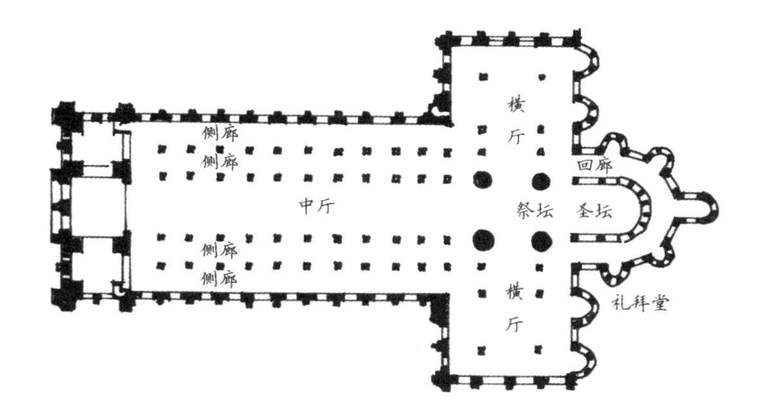

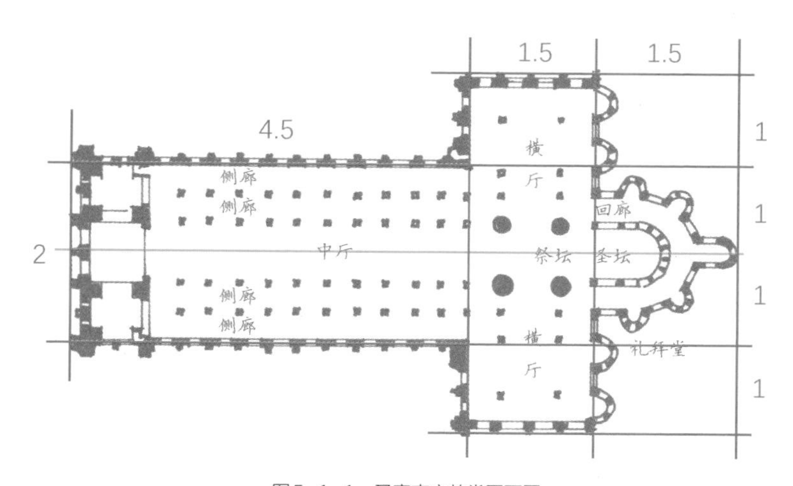

图5-1-1　圣赛南主教堂平面图

剖面图

（1）绘制长宽比为12：8.8的矩形辅助框；

（2）按如图所示比例绘制辅助线；

（3）分左、中、右三部分绘制中厅、侧廊和拱顶，再补充绘制侧廊夹层、门洞等细部。

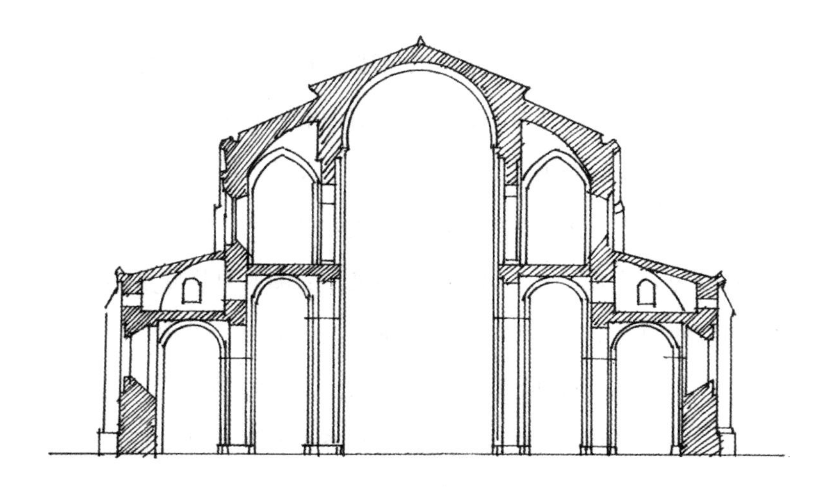

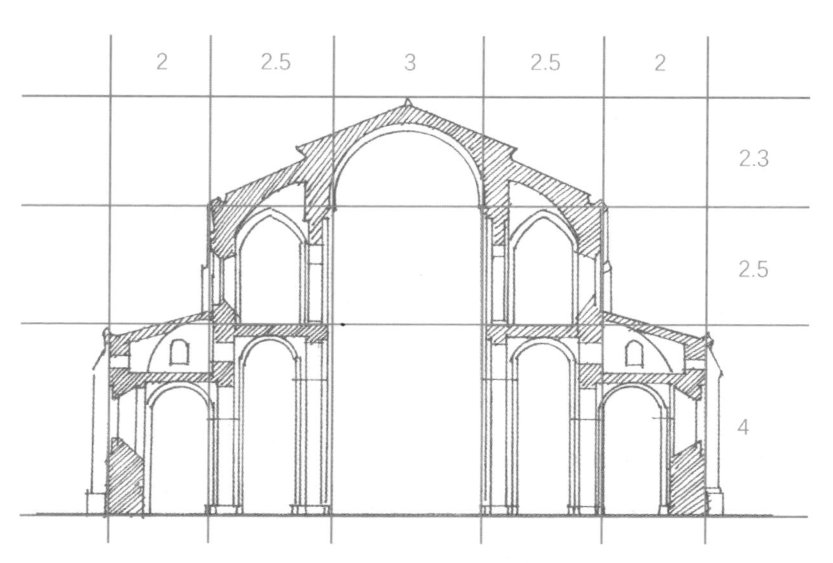

图5-1-2　圣赛南主教堂剖面图

巴黎圣母院

巴黎圣母院建于公元1163年至1345年间，为西欧中世纪典型的哥特式教堂。其平面为拉丁十字式，总长约130米，总宽约47米，屋顶交叉处立有高约90米的尖塔。教堂建筑主入口朝西，有三个大门，其中两侧大门上矗立双塔，将西立面在水平和垂直方向都分为三段。同时，西立面檐头上的栏杆和门洞上方的雕像增强了三部分横向联系，使其成为典型的西立面构图代表。教堂内部共四排柱子，将空间分为五条通廊。东部末端设圆龛，后侧放射状分布若干祈拜室。内部使用骨架券、飞扶壁和两圆心尖拱结构，即减轻了结构荷载，节省了材料，同时实现了中厅开大面积高侧窗，以及内部空间的整齐统一。窄而长的中厅、一间间整齐排列的屋架、窄而高的中厅、建筑细部向上收分形成的尖顶以及彩色高窗等，使得教堂充满向前和向上的动势。

绘图步骤：

平面图

（1）绘制长宽比为15：6的矩形辅助框；

（2）按如图所示比例绘制辅助线；

（3）分上下两部分，中轴对称绘制中厅、横厅、柱网和后端圆龛，再补充绘制室内墙体、门窗等细部。

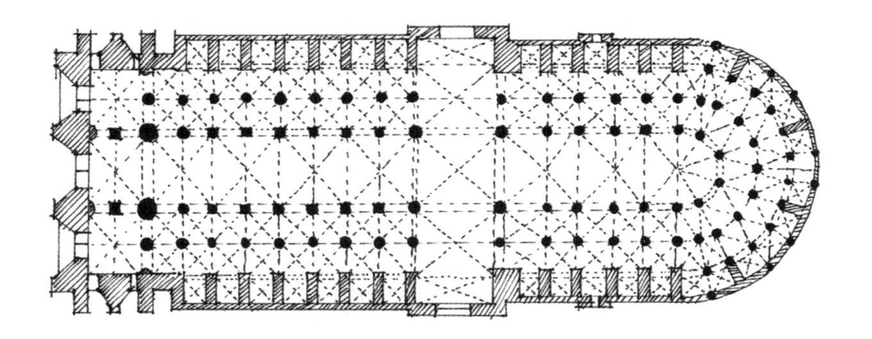

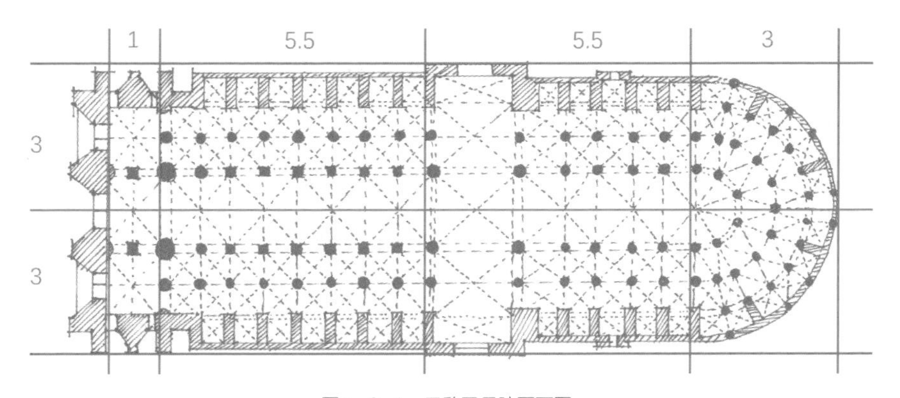

图5-2-1　巴黎圣母院平面图

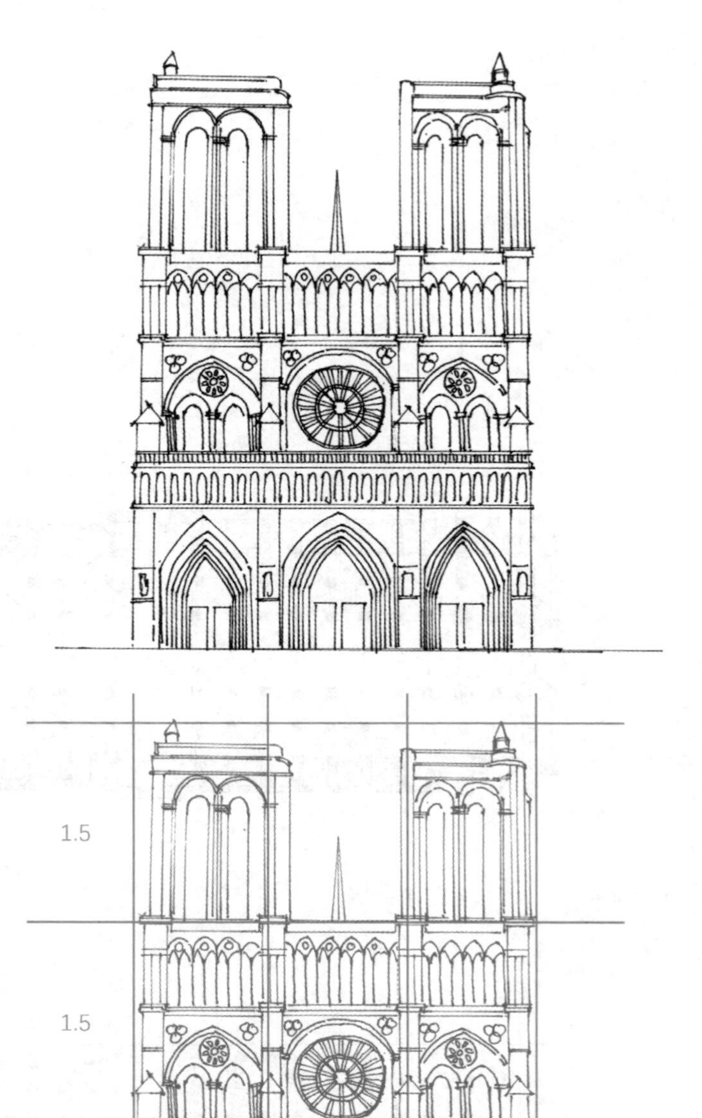

立面图

（1）绘制长宽比为4.5：3的矩形辅助框；

（2）按如图所示比例绘制辅助线；

（3）分上、中、下三部分，中轴对称绘制一层的大门，二层的玫瑰窗、柳叶窗，以及三层的两个钟塔，再补充绘制装饰线脚、尖顶等细部。

图5-2-2　巴黎圣母院立面图

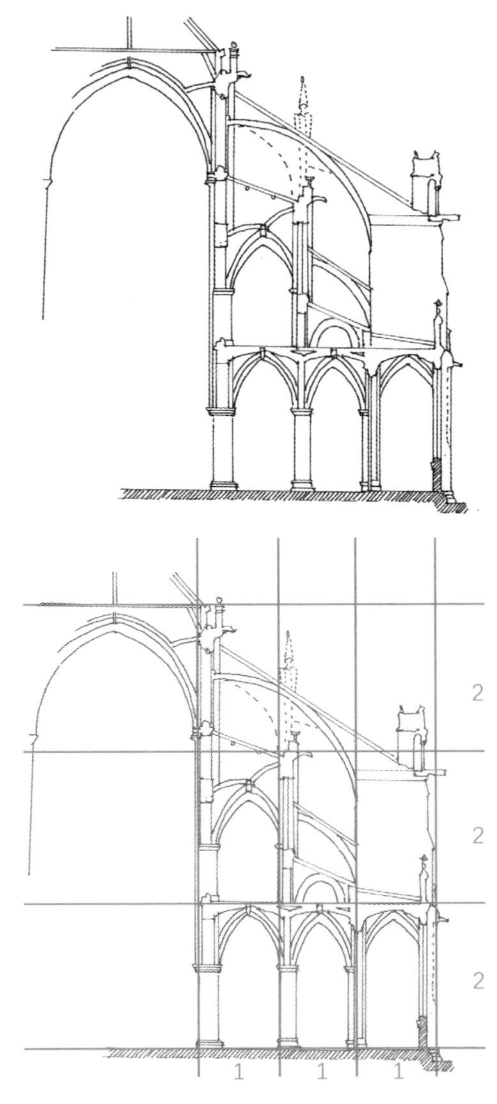

剖面图

图5-2-3 巴黎圣母院剖面图（局部）

（1）绘制长宽比为6：3的矩形辅助框；

（2）按如图所示比例绘制辅助线；

（3）分左右两部分，绘制右侧飞扶壁和柱子，再补充绘制左侧门洞、装饰线脚等细部。

鸟瞰图

（1）分别绘制长宽高比为5：2.5：4.5和2.4：0.8：2的两个立方体辅助框（两点透视）；

（2）按如图所示比例绘制辅助线；

（3）分前后两部分绘制教堂主体（拉丁十字部分）和入口双塔，再补充绘制门窗、装饰线脚、屋顶、飞扶壁等细部。

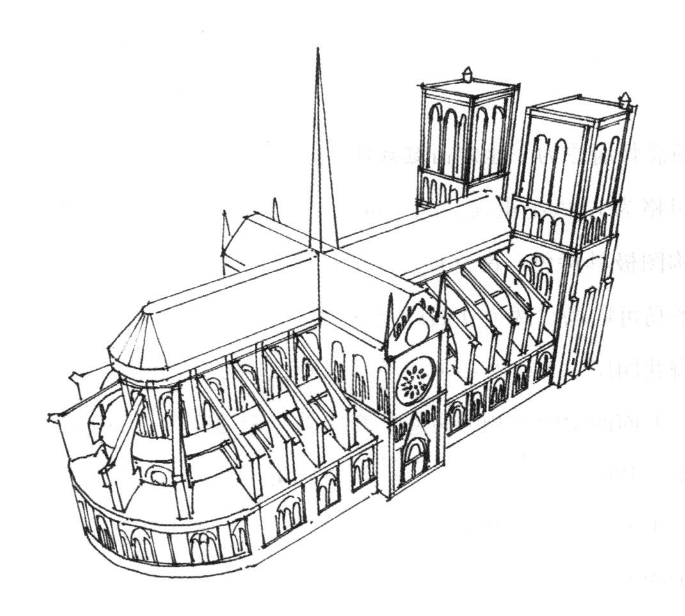

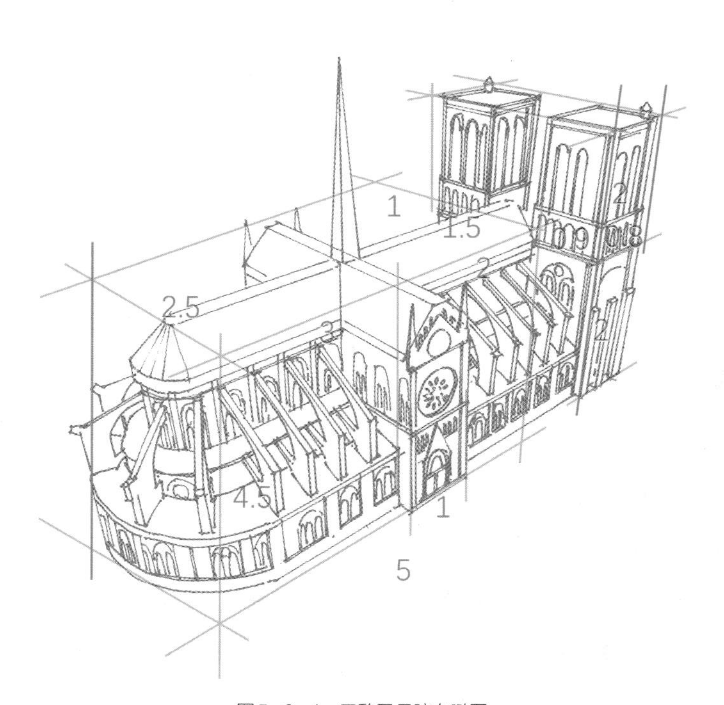

图5-2-4　巴黎圣母院鸟瞰图

威尼斯总督府

威尼斯总督府原为一座拜占庭式建筑，经过多次改建，现有哥特式建筑风格为14世纪重建。其平面为四合院形式，建筑南立面和西立面构图极具特色。南立面长约71米，临海；西立面长约85米，朝向圣马可广场。两个立面以发券为基本母题，长长地横向展开。总督府共四层，下面两层为白色、云石尖券敞廊，配有粗壮有力的圆柱；上面两层除了相距较远的窗之外，全为实墙，高度约占总高的一半。其中，第二层的券廊在第一、第三层之间起到过渡作用，共用三十四个拱券，开间较小，较封闭，比一层券廊多一倍柱子。立面虚实渐变，除了窄窄的窗柜和细细的墙角壁柱以外，无线脚和装饰。

绘图步骤：

立面图

（1）绘制长宽比为12：4.3的矩形辅助框；

（2）按如图所示比例绘制辅助线；

（3）分上、中、下三部分绘制第一层十七个拱券、第二层三十四个拱券和第三、四层墙体，再补充绘制屋顶、窗户、装饰线脚、雕塑等细部。

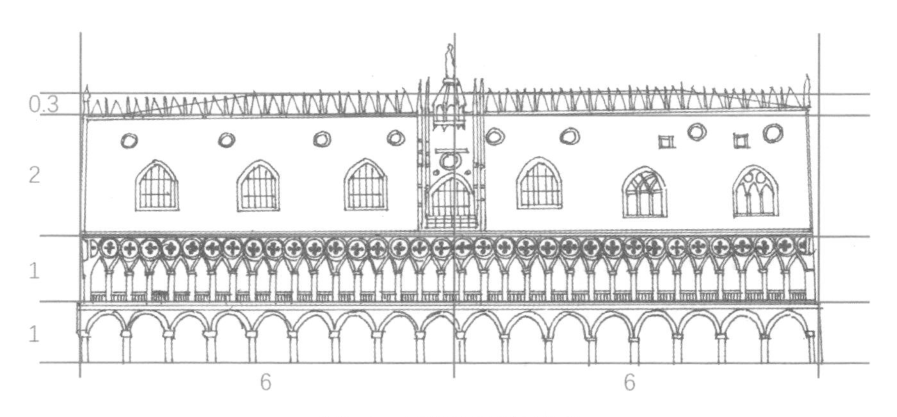

图5-3　威尼斯总督府南立面图

六、文艺复兴与巴洛克

佛罗伦萨主教堂穹顶

佛罗伦萨主教堂始建于1296年。其穹顶由伯鲁乃列斯基设计，于1431年建造完成，是世界上最大的穹顶之一。穹顶下半部分石砌，上半部分砖砌。为了减轻其重量和侧推力，外轮廓采用双圆心矢型；内部采用骨架券结构，双层中空；穹顶底部加设一圈铁链，以及1/3高度处加设一道木箍。穹顶顶部中央的采光亭完成于1470年，顶部距地面107米。佛罗伦萨主教堂穹顶的建成标志着意大利文艺复兴建筑史的开端，也体现了民众突破教会精神专治的愿景；其结构和施工技术，代表了文艺复兴时期科学技术的普遍进步。

绘图步骤：

剖立面图

（1）绘制长宽比为7.5：5矩形辅助框；

（2）按如图所示比例绘制辅助线；

（3）分上、中、下三部分，中轴对称绘制鼓座、穹顶和采光亭，再补充绘制门窗、装饰线脚和塔尖等细部。

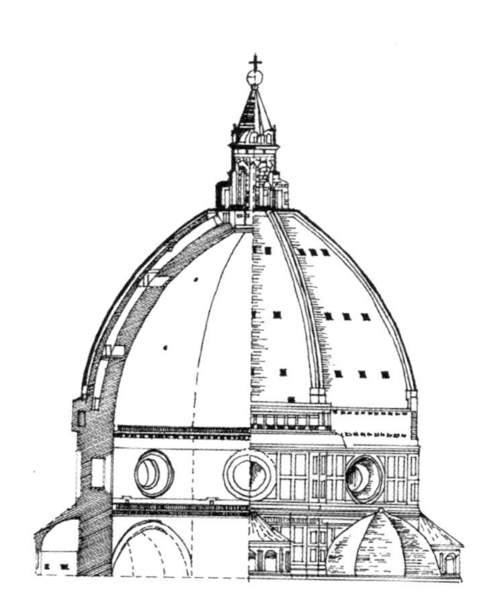

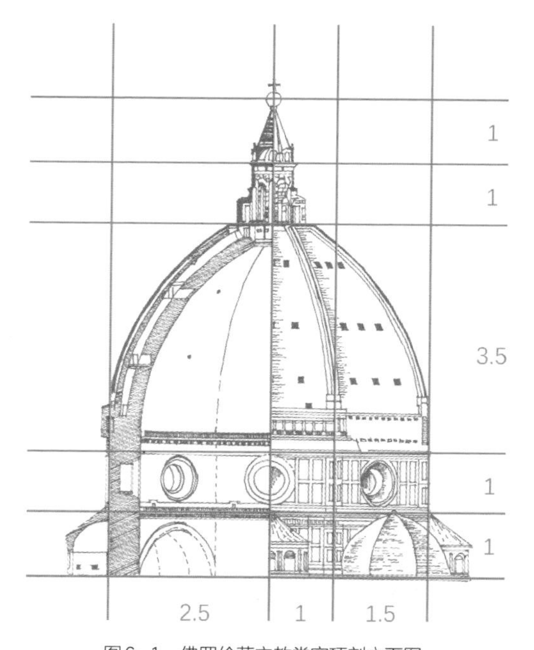

图6-1 佛罗伦萨主教堂穹顶剖立面图

坦比哀多

坦比哀多由意大利建筑师伯拉孟特设计。平面呈圆形，外墙直径6.1米，总高14.7米，周围立十六根高3.6米的多立克式柱廊，内部设置地下墓室。外观采用穹顶统率整体的集中式形制，纪念碑式造型。饱满的穹顶、圆柱形的神堂鼓座、台基上开敞的柱廊，以及上部的环形栏杆，使其整体比例和谐，体积感强烈。它是盛期文艺复兴纪念性建筑的典型代表。

绘图步骤：

立面图

（1）绘制长宽比为12：7矩形辅助框；

（2）按如图所示比例绘制辅助线；

（3）分上、中、下三部分，中轴对称绘制穹顶、鼓座和柱廊，再补充绘制台阶、门窗、装饰线脚和塔尖等细部。

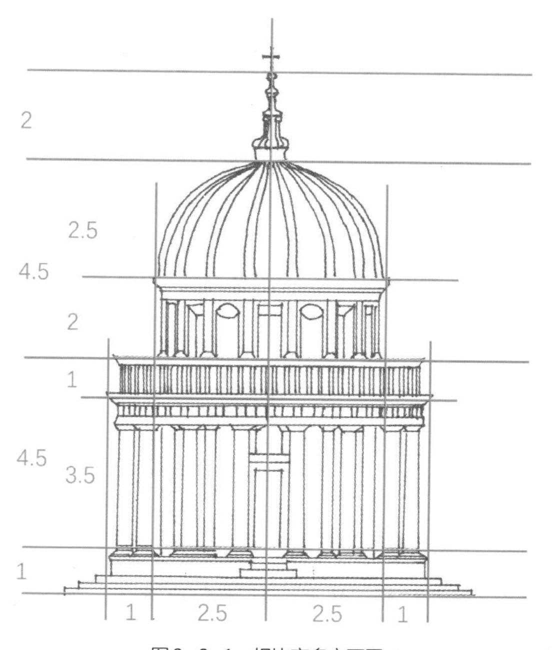

图6-2-1　坦比哀多立面图

剖面图

（1）绘制长宽比为14：7矩形辅助框；

（2）按如图所示比例绘制辅助线；

（3）从上至下分四部分绘制穹顶、鼓座、柱廊和地下室，再补充绘制台阶、门窗、装饰线脚和塔尖等细部。

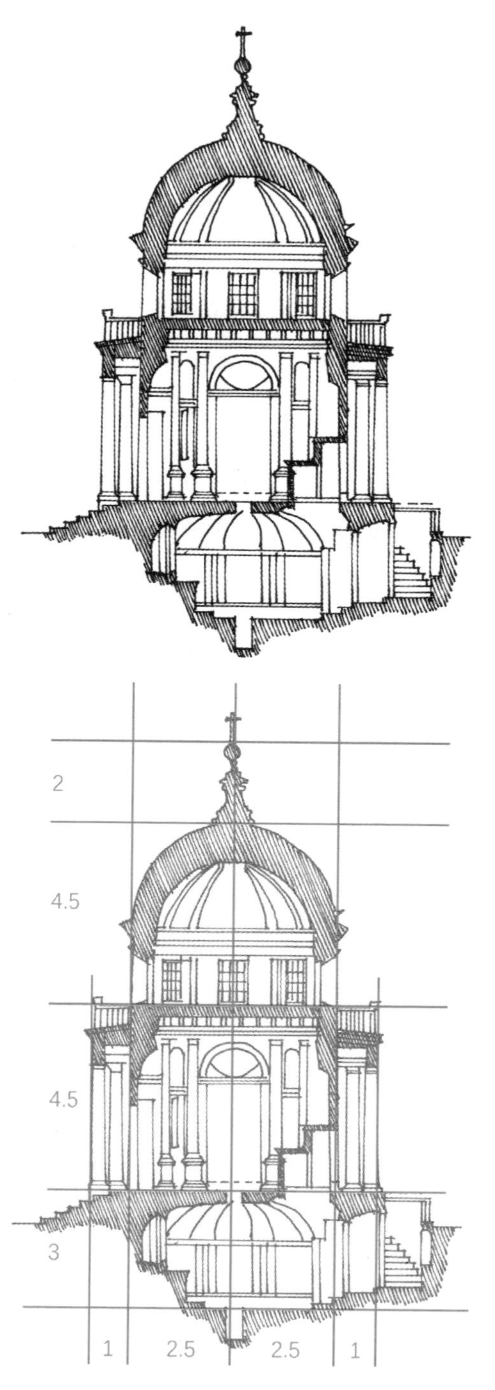

图6-2-2 坦比哀多剖面图

帕拉第奥母题

意大利著名建筑师安德烈亚·帕拉第奥在修复维晋寨巴西利卡时，为了解决原有开间比例不适合古典券柱式的问题，对柱式进行创新，在每间中央加入一个券，落在两根独立的细柱上，使得每个开间包含3个小开间。细柱与大柱子间距1米多，上面架有小额枋。在小额枋之上和券的两侧各开一个圆洞。其整体构图以方开间为主，开间内配圆券。同时，大小柱子形成了对比，形成多层次的虚实变化。这种柱式构图的创新在维晋寨巴西利卡中运用得最成熟。此外，圣马可图书馆二楼立面和巴齐礼拜堂内部侧墙也都采用过，但其适应性较小。

绘图步骤：

立面图

（1）绘制长宽比为9：7.5的矩形辅助框；

（2）按如图所示比例绘制辅助线；

（3）绘制每个开间的柱子、发券、额枋和圆洞，再补充绘制装饰线脚、雕塑等细部。

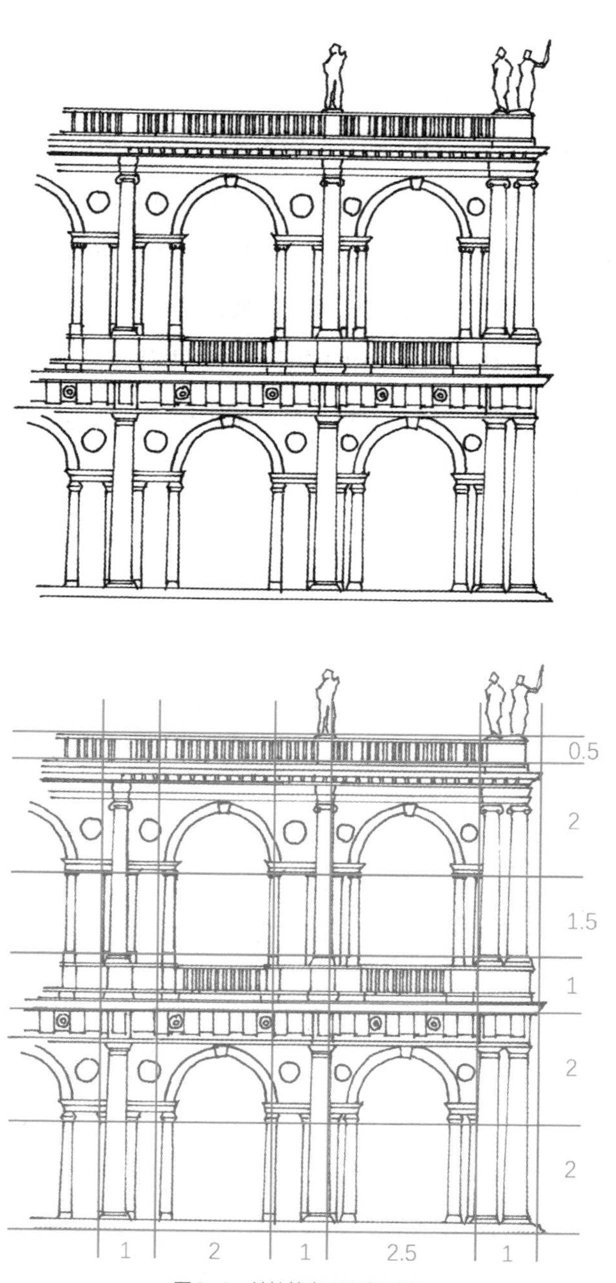

图6-3 帕拉第奥母题立面图

圆厅别墅

圆厅别墅由意大利建筑师安德烈亚·帕拉第奥设计。平面为方形，纵横两个轴线对称布局。四个外立面形式统一，由方形的主鼓座、圆锥形的顶子、三角形的山花、柱廊等多种单纯的几何形体组成。外部大台阶直达二层入口，正中是六根两层高爱奥尼柱式。立面的列柱和大台阶加强了第二层在构图上的重要性，使它居于主导地位。二层正中是一个直径为12.2米的圆厅，穹顶内部装饰华丽。建筑各部分比例匀称，构图严谨，表现出富有逻辑性的理性主义设计手法。

绘图步骤：

平面图

（1）绘制长宽比为4：4的矩形辅助框；

（2）按如图所示比例绘制辅助线；

（3）绘制中心圆形大厅和墙体，再补充绘制四面门廊、台阶、柱子等细部。

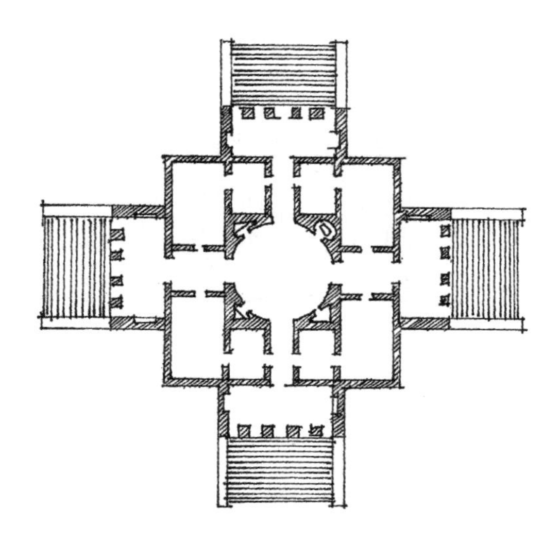

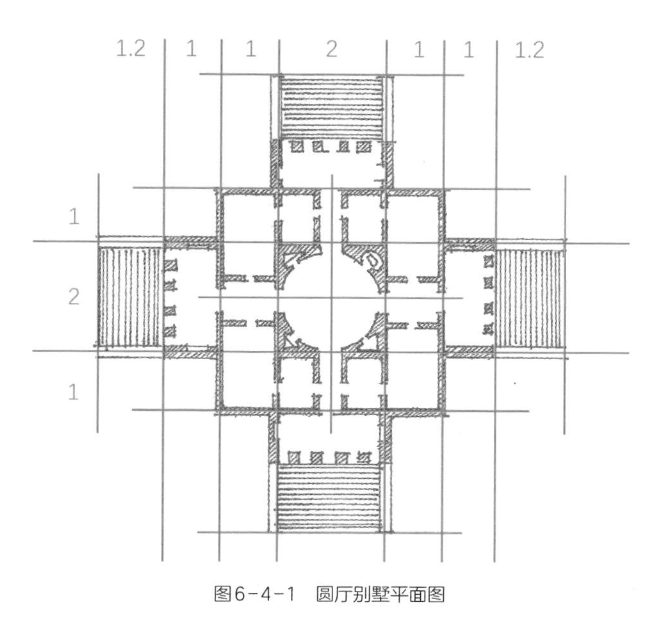

图6-4-1　圆厅别墅平面图

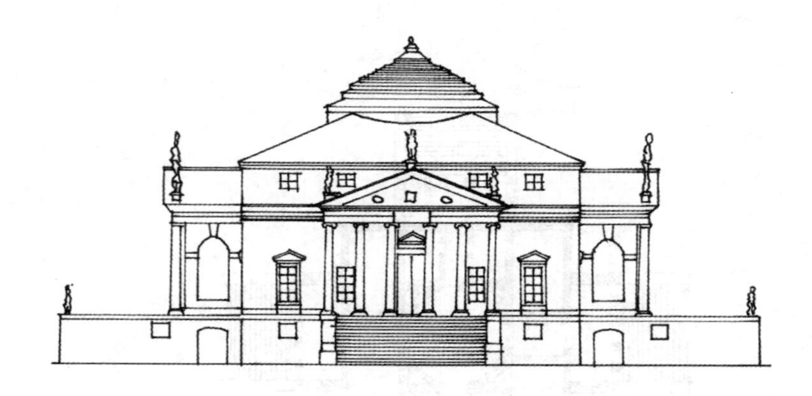

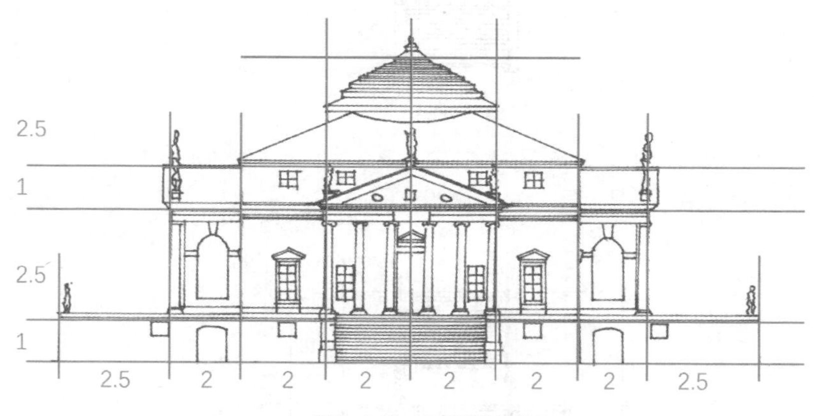

图6-4-2　圆厅别墅立面图

立面图

（1）绘制长宽比为17：7的矩形辅助框；

（2）按如图所示比例绘制辅助线；

（3）分上、中、下三部分，中轴对称绘制穹顶、二层门厅（入口）和台阶，再补充绘制门窗、雕塑、装饰线脚等细部。

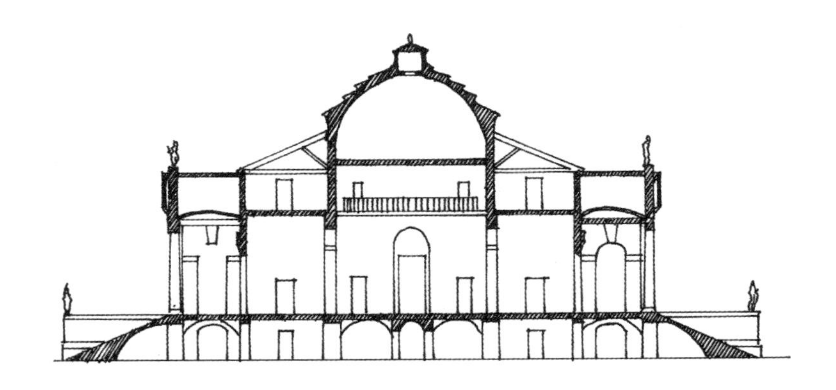

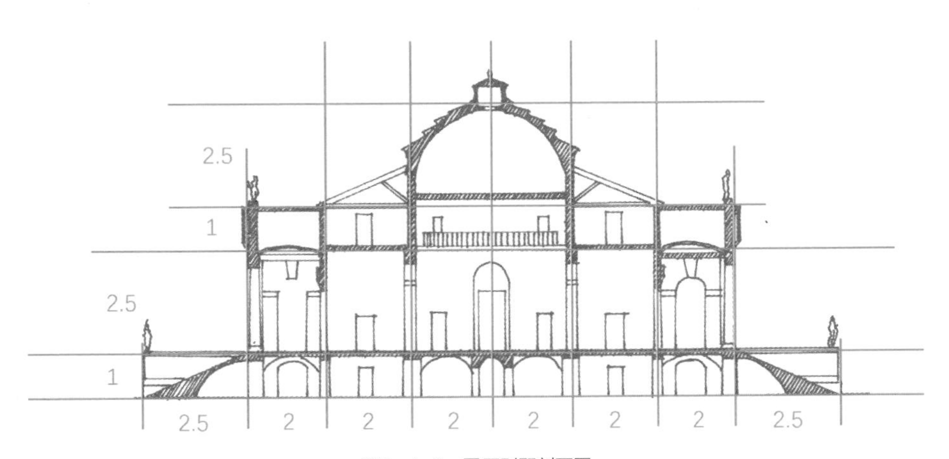

图6-4-3 圆厅别墅剖面图

剖面图

（1）绘制长宽比为17：7的矩形辅助框；

（2）按如图所示比例绘制辅助线；

（3）分上、中、下三部分，中轴对称绘制穹顶、二层门厅和台阶，再补充绘制门窗、雕塑、墙体等细部。

鸟瞰图

（1）绘制长宽高比为8：7.5：4.5的立方体辅助框（两点透视）；

（2）按如图所示比例绘制辅助线；

（3）绘制主体门厅、穹顶、门廊和台阶，再补充门窗、雕塑、装饰线脚等细部。

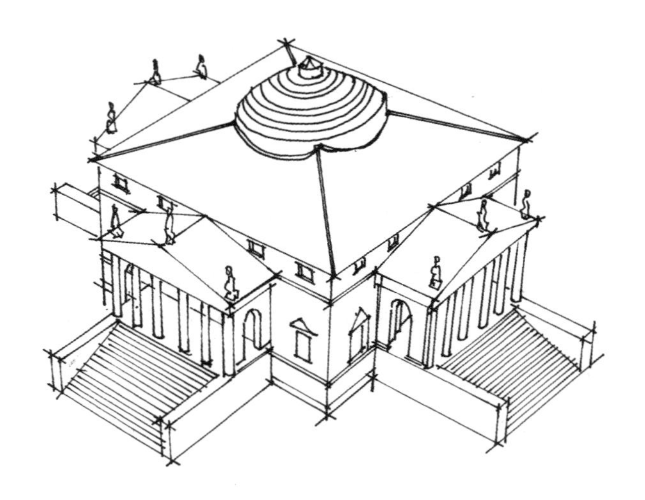

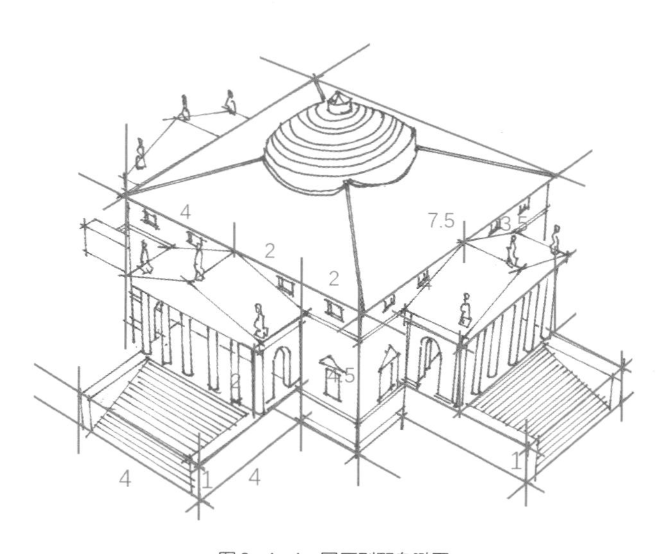

图6-4-4　圆厅别墅鸟瞰图

圣马可广场

圣马可广场是威尼斯城市中心广场，被誉为“欧洲最美客厅”，包括大广场和小广场两部分，均呈梯形，相互垂直。大广场东西向，位置偏北，东西长175米，东边宽90米，西边宽56米，面积1.28万平方米。小广场南北向，连接大广场和大运河口。大广场的东端是十一世纪造的拜占庭式的圣马可主教堂；北侧是由彼得·龙巴都等人设计的三层旧市政大厦；南侧是由斯卡莫齐设计的新市政大厦，下面两层仿照圣马可图书馆，并加盖第三层，同旧市政大厦相呼应；西端的圣席密尼阿诺教堂于1807年拆除，新建两层建筑物将新旧市政大厦相连。大广场与小广场相交处立一座方形红砖筑高塔，其南侧总督府与圣马可主教堂之间的小广场。小广场南端耸立一对来自君士坦丁堡的纪念柱，高17米。广场整体空间主次分明，即富于变化，又和谐统一，营造出良好的透视效果。

绘图步骤：

总平面图

（1）绘制长宽比为10：6.5的矩形辅助框；

（2）按如图所示比例绘制辅助线；

（3）绘制整体平面轮廓，并根据网格定位绘制新旧市政大厦、圣马可图书馆、钟塔、圣马可主教堂、总督府等主要建筑，再补充绘制周边水系等细部。

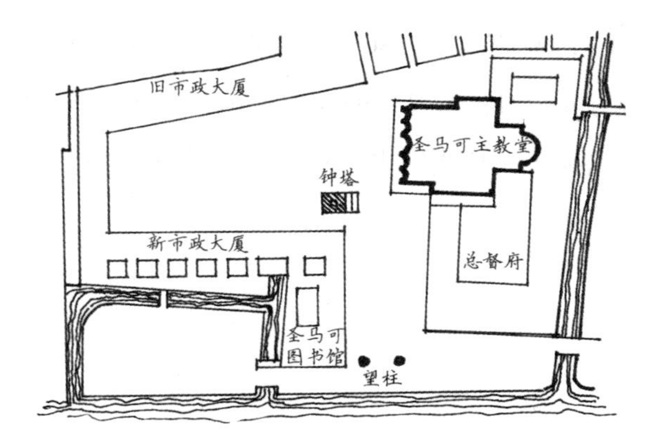

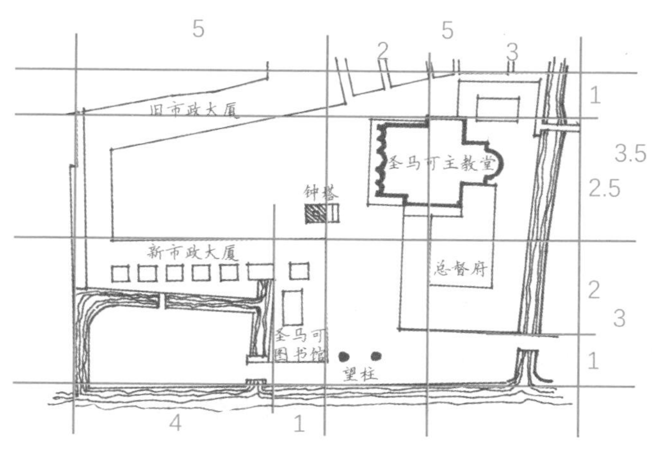

图6-5　圣马可广场总平面图

圣彼得广场

圣彼得广场由意大利建筑师吉安·洛伦佐·贝尼尼设计，历时11年时间修建完成，是意大利文艺复兴时期最重要的广场之一。其整体分为梯形广场和椭圆广场两部分：梯形广场作为圣彼得大教堂的入口广场，地面有2/3部分为台阶，逐渐向教堂升高；椭圆广场长轴长340米，短轴长240米。以1586年竖立的方尖碑为中心，椭圆广场两侧沿长轴方向各对称布置一个14米高喷泉，南北两端柱廊均由四排粗重的塔斯干式柱式组成，共计284根圆柱和88根方柱，檐头立有圣徒雕像。

绘图步骤：

总平面图

（1）绘制长宽比为9.5：5的矩形辅助框；

（2）按如图所示比例绘制辅助线；

（3）分上、中、下三部分，中轴对称绘制主体教堂、梯形广场和椭圆广场，再补充绘制喷泉、雕塑、方尖碑等细部。

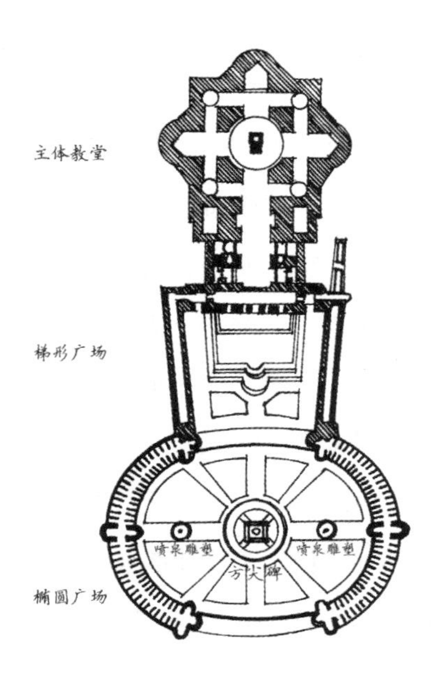

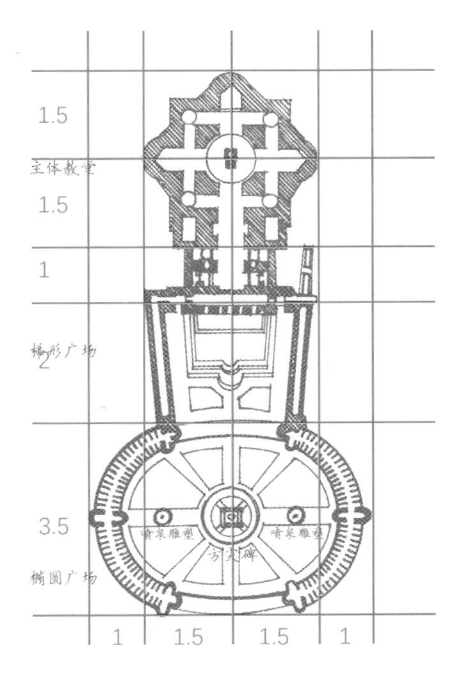

图6-6　圣彼得广场总平面图

圣彼得大教堂

圣彼得大教堂始建于1506年，历时120年，于1626年最终建成。它集合了16世纪意大利建筑、结构和施工的最高成就，由多位文艺复兴时期著名建筑师参与设计（伯拉孟特、拉斐尔、米开朗琪罗等），是世界上最大的天主教堂，也是意大利文艺复兴盛期的天主教教堂的典型代表。历经多次改建，其平面最终由希腊十字式变为拉丁十字式。它采用双层壳体结构，内层为砖造，外层为筋拱结构，用铁环箍束。穹顶直径41.9米，尺寸接近万神庙。内部顶点高123.4米，约为万神庙高度的3倍。穹顶外部采光塔上的十字架尖端距离室外地面137.8米，是罗马城最高点。从17世纪初开始对教堂进行的一系列改建，破坏了其原有形制，由此标志着意大利文艺复兴建筑风潮的结束。

绘图步骤：

立面图

（1）绘制长宽比为11.5：11的矩形辅助框；

（2）按如图所示比例绘制辅助线；

（3）分上、中、下三部分，中轴对称绘制屋顶、中间段和入口，再补充绘制台阶、门窗、装饰线脚、雕塑等细部。

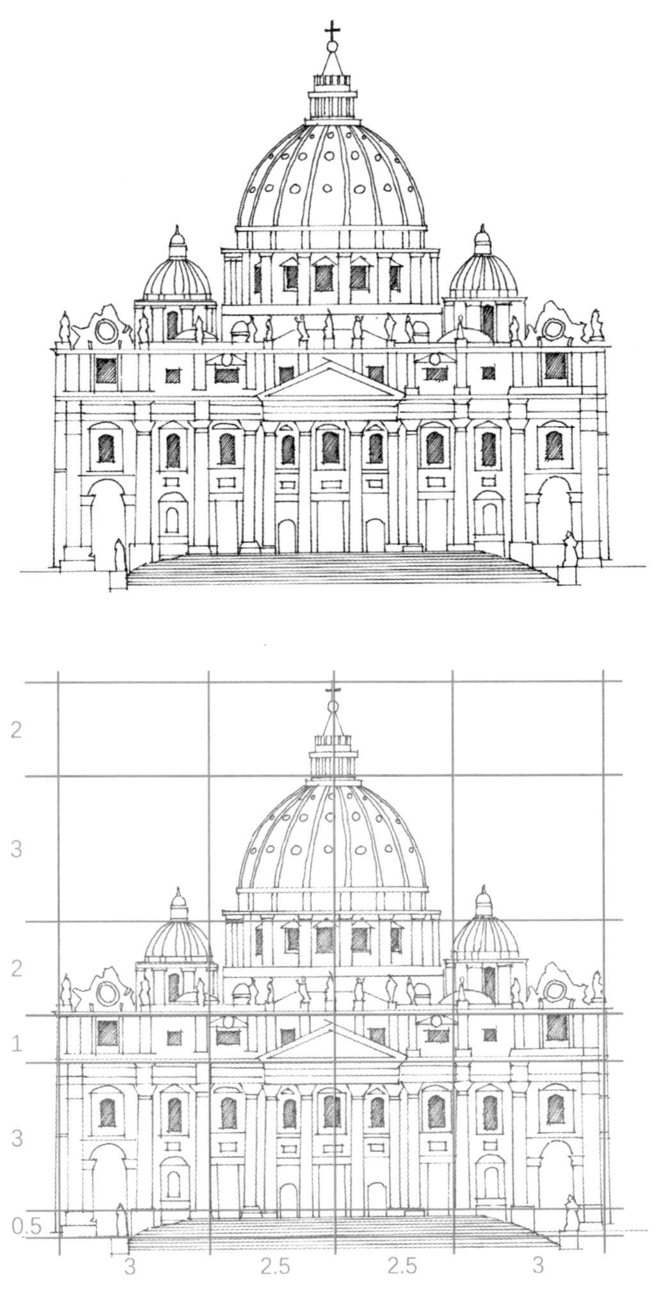

图6-7-1 圣彼得大教堂立面图

鸟瞰图

（1）绘制长宽高比为3：2.2：1的立方体辅助框（两点透视）；

（2）按如图所示比例绘制辅助线；

（3）分前后两部分绘制教堂主体部分和半圆形穹顶，再补充绘制门窗、装饰线脚、雕塑等细部。

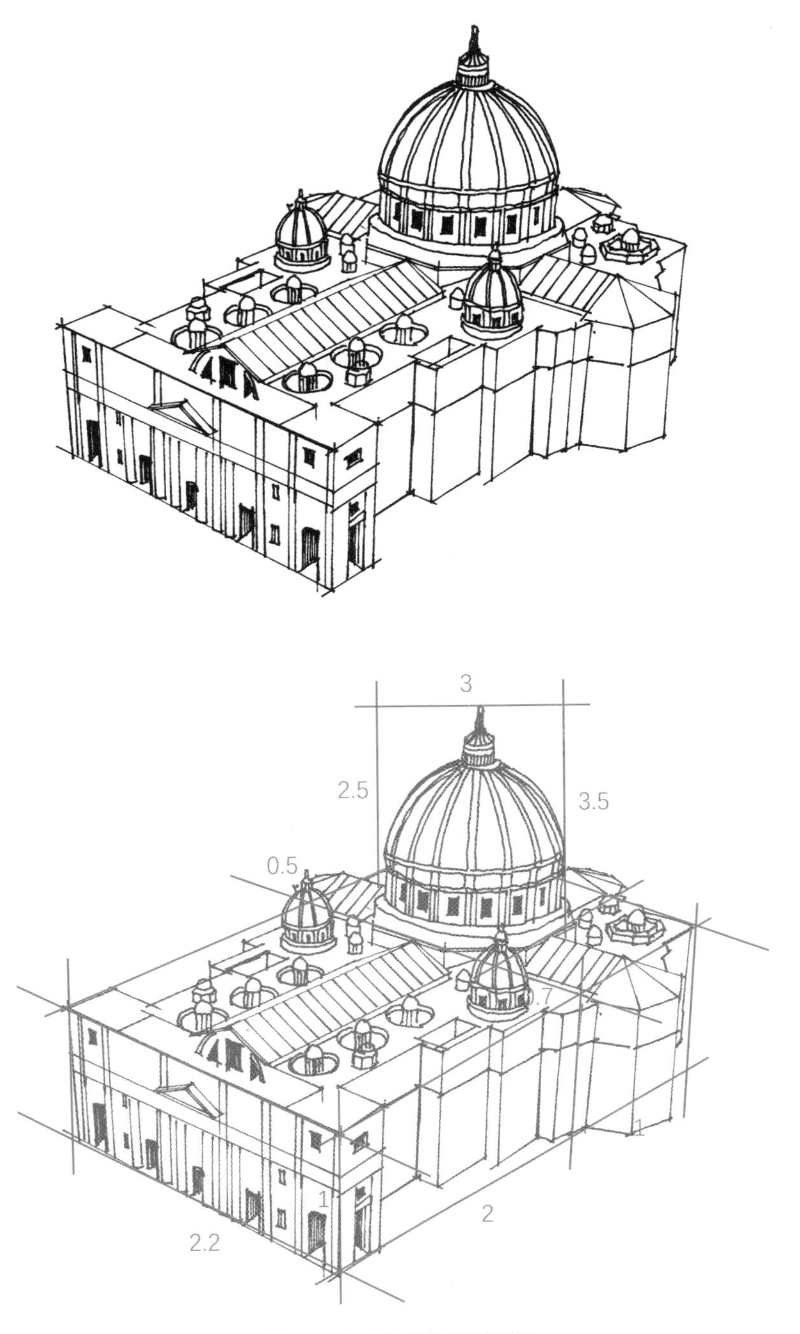

图6-7-2　圣彼得大教堂鸟瞰图

七、法国古典主义

卢浮宫东立面

卢浮宫始建于1204年，为法国王宫。17世纪60年代开始，对其东立面进行改建。东立面全长172米，高28米。立面纵向分三段：底层为基座，高9.9米；中间段为贯通两层高的巨柱式，高13.3米；顶层为檐部和女儿墙。横向分五段：中央和两端共三部分向前凸出，剩余两部分为柱廊。中央凸出部分宽和高均为28米，两端凸出部分宽和高均为24米，左右柱廊各宽48米。凸出部分用壁柱装饰，其余部分用倚柱装饰。屋顶采用平屋顶代替传统高坡屋顶和老虎窗的组合。东立面构图比例保持整数比，主轴线明确，向心性强，是法国古典主义的典型代表和最高成就。

绘图步骤：

东立面图

（1）绘制长宽比为14.5：3的矩形辅助框；

（2）按如图所示比例绘制辅助线；

（3）分上、中、下三部分，中轴对称绘制顶层、中间段和基座，再补充绘制门窗、装饰线脚等细部。

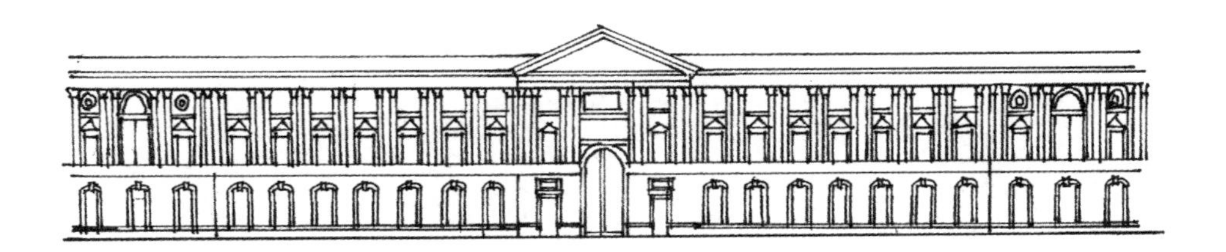

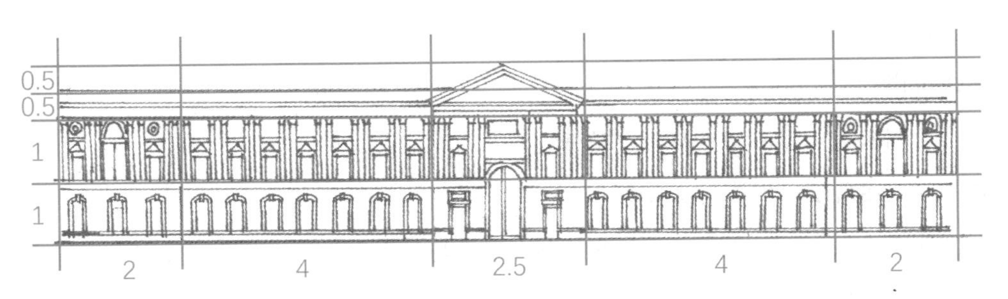

图7-1　卢浮宫东立面图

凡尔赛宫

凡尔赛宫由路易·勒伏、勒勃亨、安德烈·勒诺特尔和于·阿·孟莎等人参与设计，在国王路易十三猎庄的基础上仿照沃-勒-维贡特庄园扩建而成。总占地面积为8平方千米，其中，建筑占地面积为0.11平方千米。它由宫殿、园林和放射状大道三部分组成。宫殿立面为古典主义三段式风格，内部装潢以巴洛克风格为主。宫殿主体部分为U字形平面，供国王和王后起居使用；两端各与南宫、北宫相连，形成对称的两翼。南翼为王子和亲王们的居住处，北翼为宫廷贵族和官吏们居住、办事的场所。宫殿向西的放射性路网通向园林，象征对农村的统治；向东的主路通往市区，象征对城市的统治。凡尔赛宫总体布局反映了国王中央集权和绝对军权的意图。

绘图步骤：

总平面图

（1）绘制长宽比为8：5的矩形辅助框；

（2）按如图所示比例绘制辅助线；

（3）从上至下分四部分，延中轴线绘制皇家广场、十字运河、阿波罗神池和宫殿等主要建筑，再补充绘制两侧放射状路网等细部。

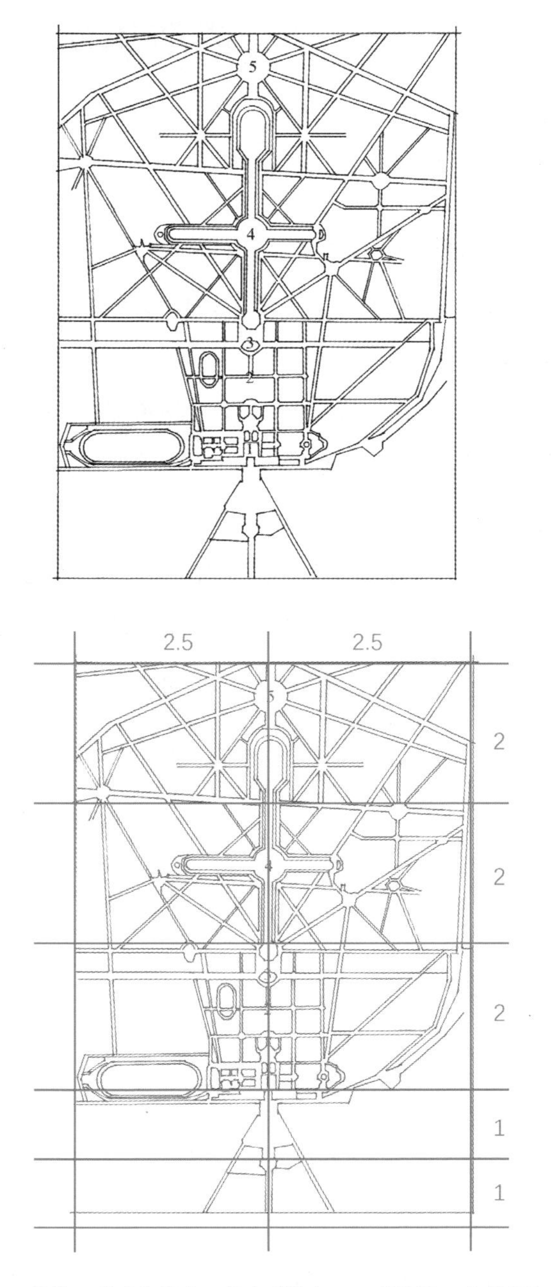

1.宫殿 2.国王林荫道 3.阿波罗神池 4.十字运河 5.皇家广场

图7-2 凡尔赛宫总平面图

八、复古与革新思潮

巴黎万神庙

巴黎万神庙由法国建筑师J.G.苏夫洛设计。其平面为希腊十字式，东西长110米，南北宽85米。十字中央建石砌穹顶，共三层。最内层直径20米，中央有圆洞，从中透出第二层的彩画。顶部采光亭最高点高83米。十字四臂也各有一个扁穹顶覆盖。穹顶和鼓座的外形以及鼓座的结构，均仿照伦敦圣保罗大教堂，采用坦比哀多式样。其正立面采用古罗马庙宇正面的构图，由六根19米高顶戴山花的柱子组成柱廊。底部无基座层，仅有11步台阶。建筑外形简洁，几何性明确。内部支柱细，跨距大，墙体薄，结构较轻巧，是新古典主义的典型代表，也是启蒙主义的重要体现者。

绘图步骤：

立面图

（1）绘制长宽比为9：8的矩形辅助框；

（2）按如图所示比例绘制辅助线；

（3）分上、中、下三部分，中轴对称绘制穹顶、鼓座、山花和柱廊，再补充绘制台阶、门窗、装饰线脚等细部。

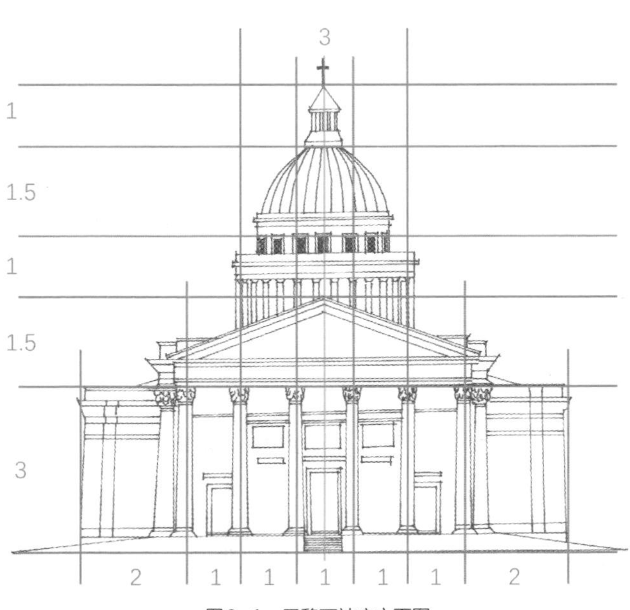

图8-1　巴黎万神庙立面图

水晶宫

伦敦“水晶宫”展览馆由英国园艺师约瑟夫·帕克斯顿设计。外观为一个阶梯形长方体与一个拱形体块垂直相交。建筑共三层，长555米（1851英尺，象征1851年建造），宽124.4米。结构共5跨，建筑总面积74000平方米。建筑师采用装配花房的办法，仅使用铁、木、玻璃三种材料，施工总用时不到9个月，组合形成了玻璃铁构架的庞大外壳，外立面简洁，无多余装饰，开创了新的建筑形式和预制装配技术。

绘图步骤：

鸟瞰图

（1）绘制长宽高比为18：3.5：1的立方体辅助框（两点透视）；

（2）按如图所示比例绘制辅助线；

（3）分左右两部分，以半圆筒形券顶为中心分别绘制三层十字形长方体，再补充绘制玻璃等细部。

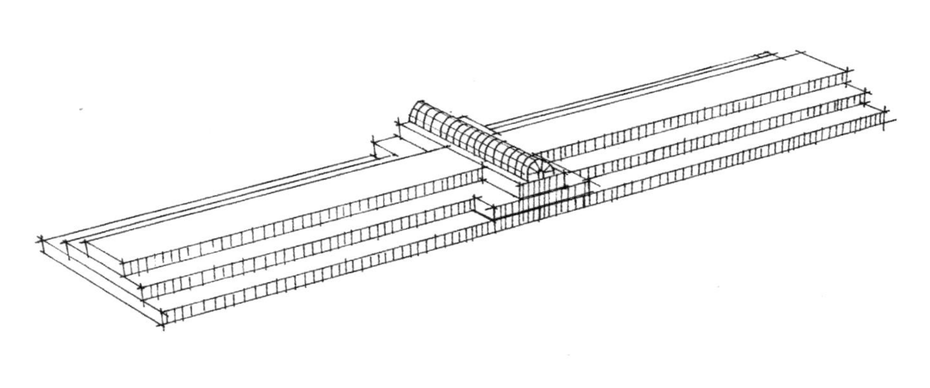

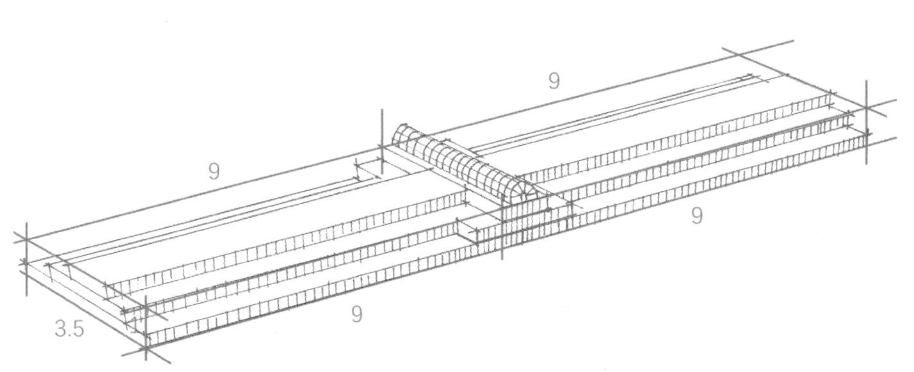

图8-2　水晶宫鸟瞰图

埃菲尔铁塔

巴黎埃菲尔铁塔由法国工程师古斯塔夫·埃菲尔设计并组织建造。塔高328米，内部设有四部水力升降机，是1889年世界博览会上最高的建筑。除了四脚使用钢筋水泥外，其余均由钢铁构成。它的巨型结构与新型设备代表了资本主义初期工业生产的最高水平。其与机械馆、水晶宫并称为19世纪后半叶国际博览会时代突出的建筑活动。

绘图步骤：

透视图

（1）绘制长宽比为15：6的矩形辅助框；

（2）按如图所示比例绘制辅助线；

（3）分上、中、下三部分绘制基座、第一平台、第二平台和第三平台，再补充绘制钢架结构、天线等细部。

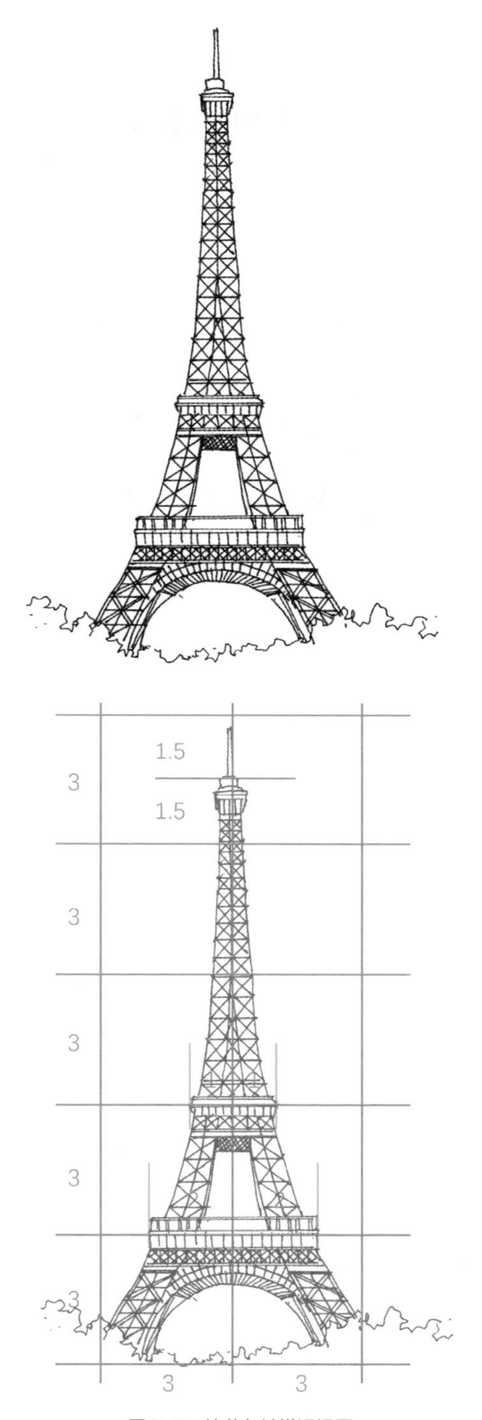

图8-3　埃菲尔铁塔透视图

九、现代主义

爱因斯坦天文台

爱因斯坦天文台由德国建筑师埃里克·门德尔松设计，是表现主义的代表性建筑。建筑以混凝土和砖为材料，外墙开设形状不规则的窗洞和尺寸不均的任意突起。整个建筑造型奇特，营造出一种神秘莫测的气氛，与爱因斯坦相对论带给大众的新奇和神秘感相契合。

绘图步骤：

透视图

（1）绘制长宽比为6：4.9的矩形辅助框；

（2）按如图所示比例绘制辅助线；

（3）分上、中、下三部分，根据网格定位绘制台基、主体和圆顶，再补充绘制台阶、门窗、屋顶等细部。

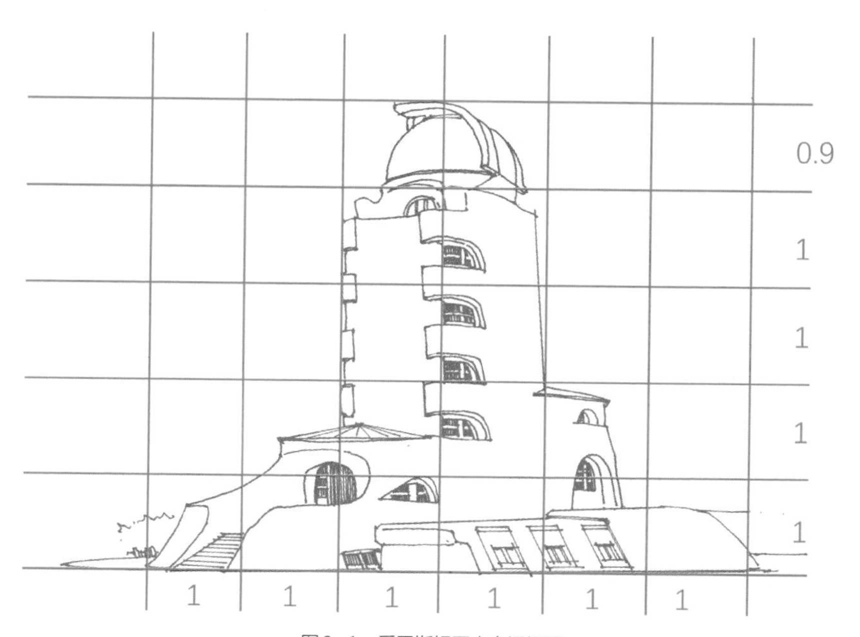

图9-1　爱因斯坦天文台透视图

乌德勒支住宅

乌德勒支住宅由荷兰建筑师G.T.里特维德设计，是风格派的代表性建筑。住宅由简单的立方体、光滑板片、大片玻璃和横竖装饰线条错落穿插而成，符合风格派和构成主义派倡导几何形体与纯粹色块的组合与构图手法。

绘图步骤：

透视图

（1）绘制长宽高比为10：4：8的立方体辅助框（两点透视）；

（2）按如图所示比例绘制辅助线；

（3）绘制外墙轮廓和窗户，再补充绘制阳台、挡板、栏杆等细部。

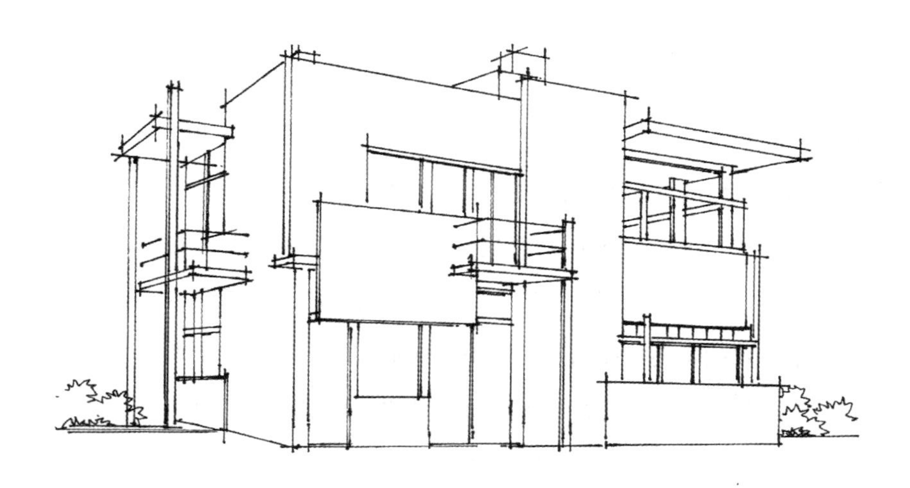

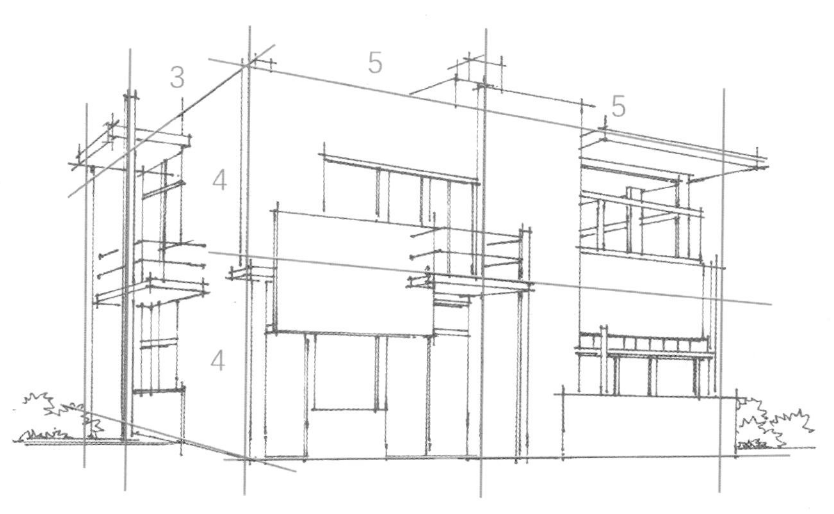

图9-2 乌德勒支住宅透视图

包豪斯校舍

包豪斯校舍由德国建筑师瓦尔特·格罗皮乌斯设计。按照各部分使用功能可将其分为三部分：第一部分是教学用房，主要是各科的工艺车间，紧邻主干道。第二部分是生活用房，包括学生宿舍、饭厅、礼堂、厨房和锅炉房等。学生宿舍位于教学楼的后面，宿舍和教学楼之间是单层饭厅及礼堂。第三部分是职业学校，共四层，同教学楼相隔一条道路，两者间由两层的过街楼相连，为办公室和教员室。除教学楼是钢筋混凝土框架结构外，其余都是砖与钢筋混凝土混合结构。校舍一律采用平屋顶，外墙面用白色抹灰。建筑师在设计时从建筑物的实用功能出发，采用不规则的构图手法，按照现代建筑的结构特点和材料特性，根据功能灵活布置平面，达到了实用、美观、大方、坚固的现代建筑宗旨。

绘图步骤：

平面图

（1）绘制长宽比为6：5的两个矩形辅助框；

（2）按如图所示比例绘制辅助线；

（3）以道路为界限分左右两部分绘制外墙和柱子，并补充绘制内墙、楼梯和窗户等细部。

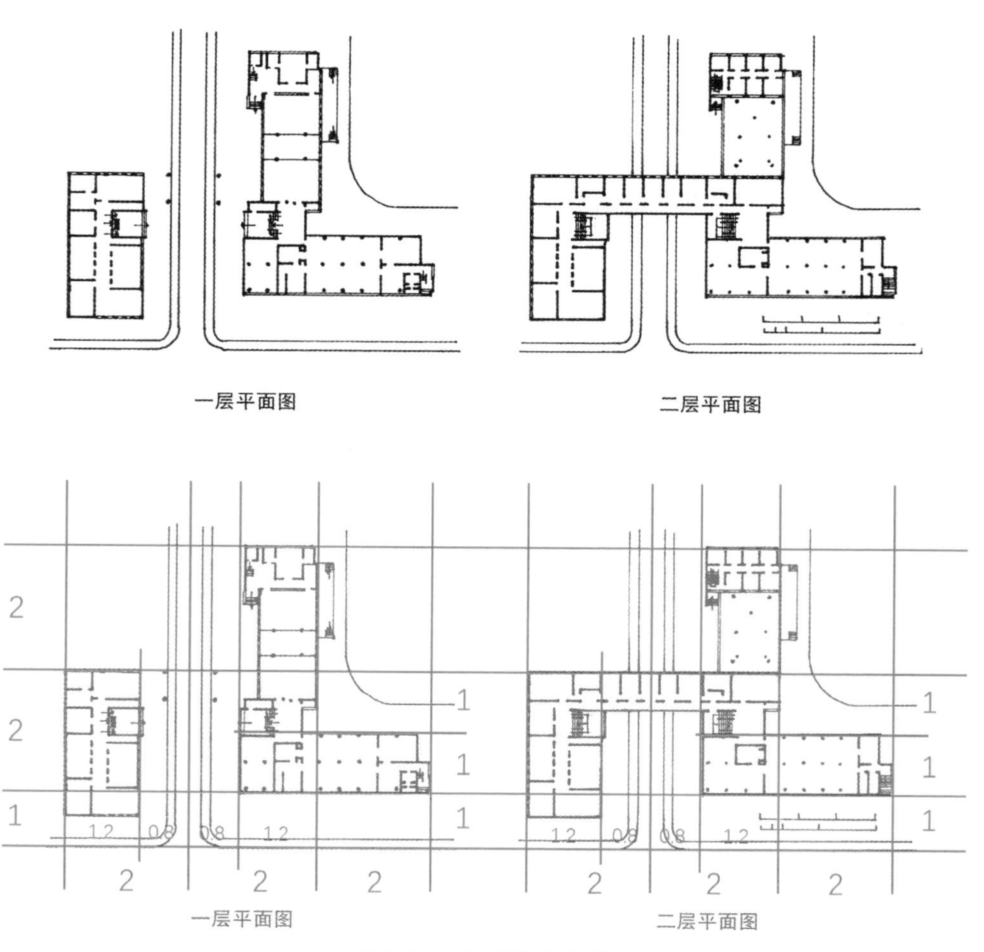

图9-3-1　包豪斯校舍平面图

鸟瞰图

（1）分别绘制长宽高比为1.4：1：2和7.5：3：1.5的两个立方体辅助框（两点透视）；

（2）按如图所示比例绘制辅助线；

（3）分左、中、右三部分绘制建筑形体，再补充绘制门窗、柱子和屋顶女儿墙等细部。

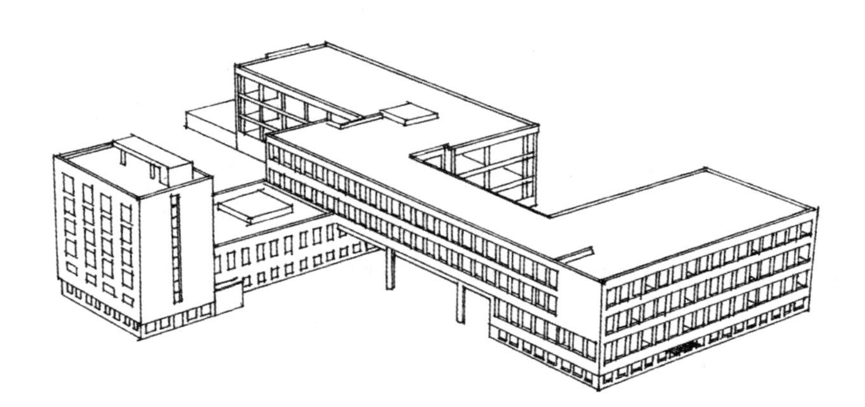

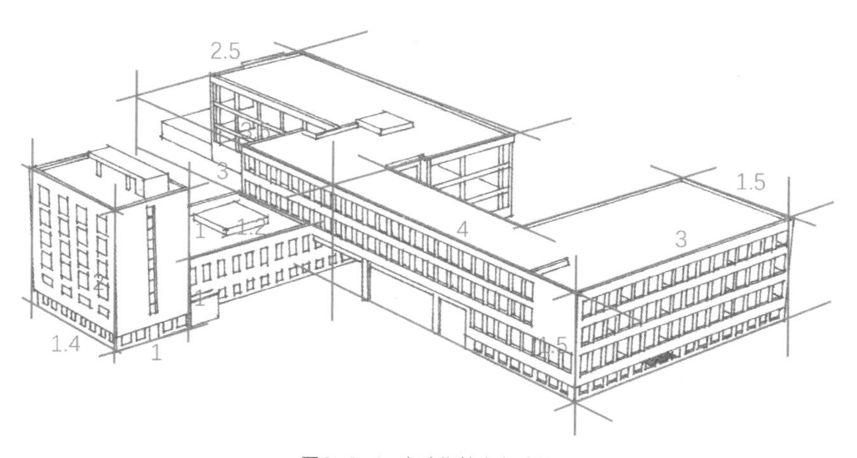

图9-3-2　包豪斯校舍鸟瞰图

萨伏伊别墅

萨伏伊别墅由法国建筑师勒·柯比西埃设计。其平面为矩形，长约22.5米，宽约20米，钢筋混凝土结构。底层三面有独立的柱子，中心部分有门厅、车库、楼梯、坡道以及仆人房间；二层布置客厅、餐厅、厨房、卧室和院子；三层为主人卧室及屋顶露台。建筑造型采用简单的几何形体，白色光滑的外墙，室内和室外均没有装饰线脚。内部空间相对复杂，在楼层之间设置坡道，增加了上下层空间的连续性。整个建筑充分体现了柯比西埃“新建筑五点”的理念：底层独立支柱、屋顶花园、自由平面、横向长窗和自由立面。同时，也契合了建筑师追求的“房屋是居住的机器”原则。

绘图步骤：

平面图

（1）绘制长宽比为4：3.2和4.4：4的两个矩形辅助框；

（2）按如图所示比例绘制辅助线；

（3）绘制墙体、柱子和中心坡道，再补充绘制内部楼梯、家具等细部。

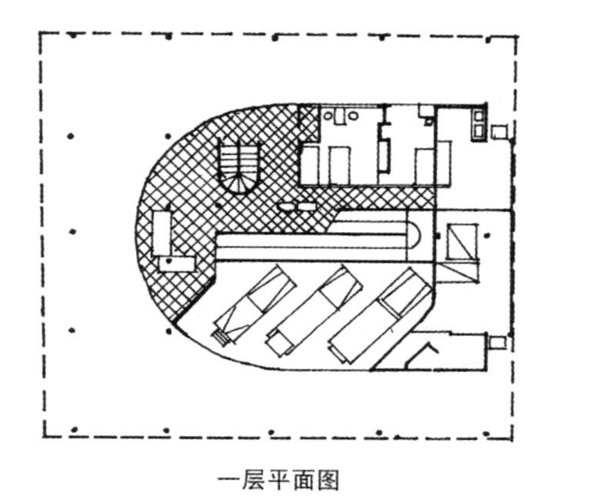

一层平面图

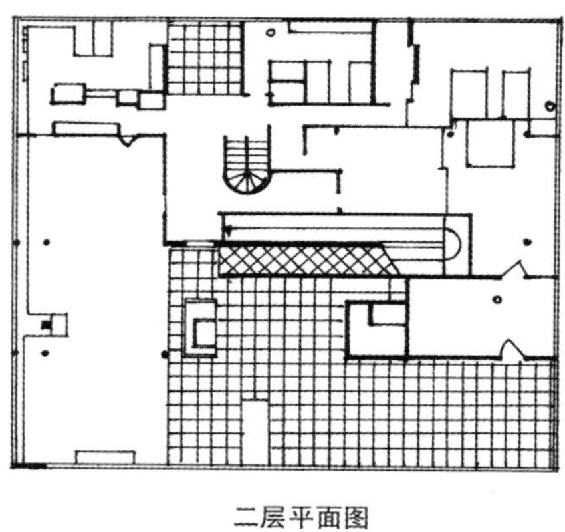

二层平面图

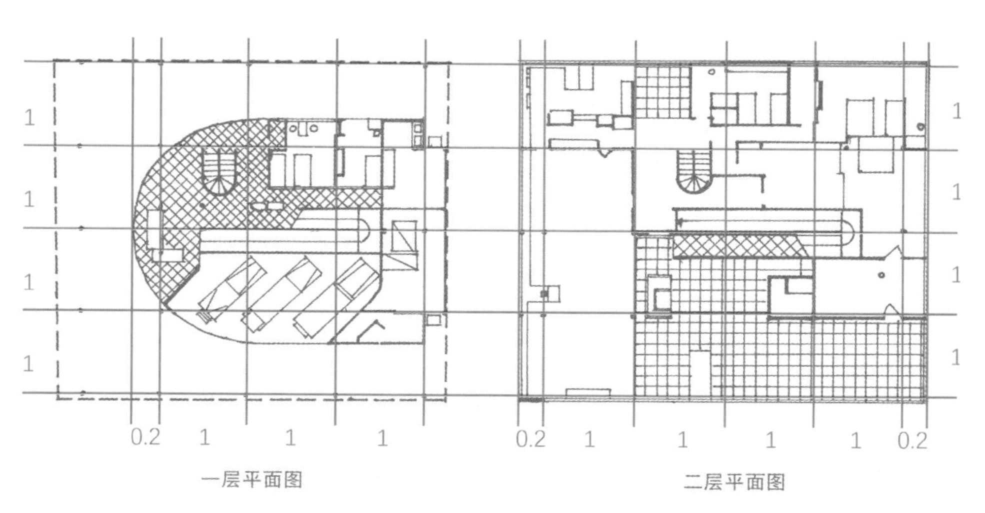

一层平面图　　二层平面图

图9-4-1　萨伏伊别墅平面图

鸟瞰图

（1）绘制长宽高比为3.5∶2∶1的立方体辅助框（两点透视）；

（2）按如图所示比例绘制辅助线；

（3）绘制外墙、柱子及窗户，再补充绘制坡道、屋顶等细部。

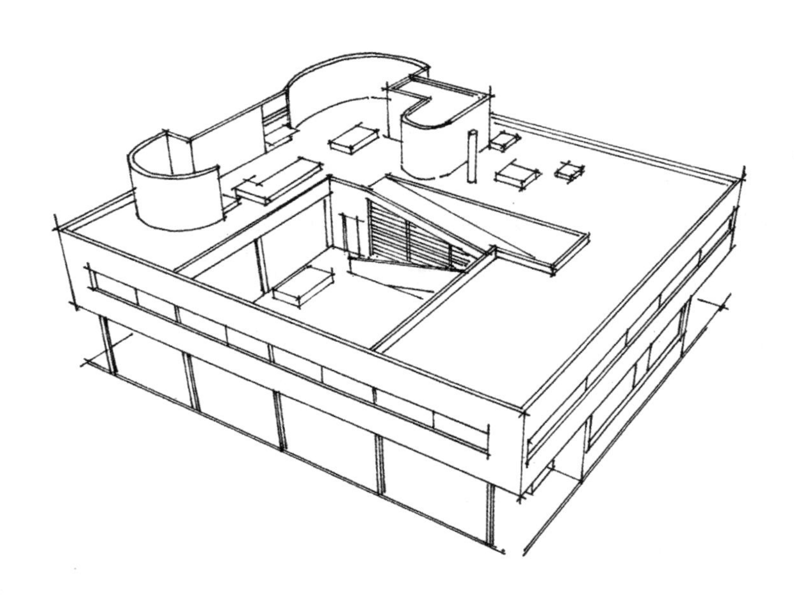

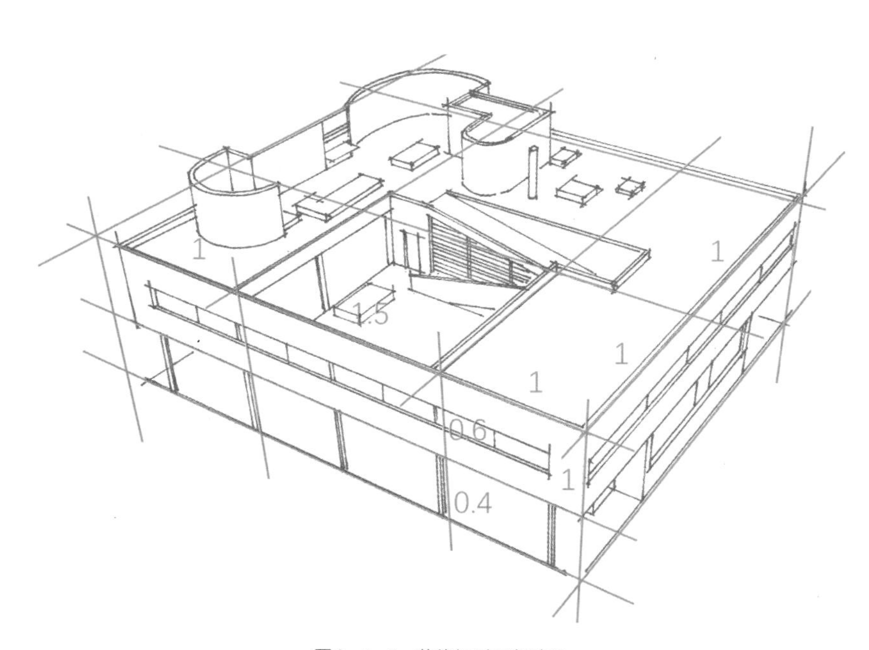

图9-4-2　萨伏伊别墅鸟瞰图

巴塞罗那博览会德国馆

巴塞罗那博览会德国馆由德国建筑师路德维希·密斯·凡·德·罗设计。建筑建于一个低矮的基座上，占地长约50米，宽约25米，其中包括一个主厅、两间附属用房、两片水池和围墙。主厅部分有8根十字形断面的钢柱，顶部承接一块长约25米、宽约14米的薄屋顶板。室内隔墙分玻璃和大理石两种材质，设置灵活多变。其中，部分延伸至室外，形成了一些既分隔又连通的半封闭半开敞空间，模糊了室内外空间的界限。建筑整体造型简单，无烦琐装饰。除建筑本体和家具外，没有其他陈列品，建筑本身即作为展品。其充分体现了“流动空间”和“通用空间”设计理念。

绘图步骤：

平面图

（1）绘制长宽比为2：1和10.5：3.5的两个矩形辅助框；

（2）按如图所示比例绘制辅助线；

（3）绘制墙体、水池和柱子，再补充绘制台阶、门、家具等细部。

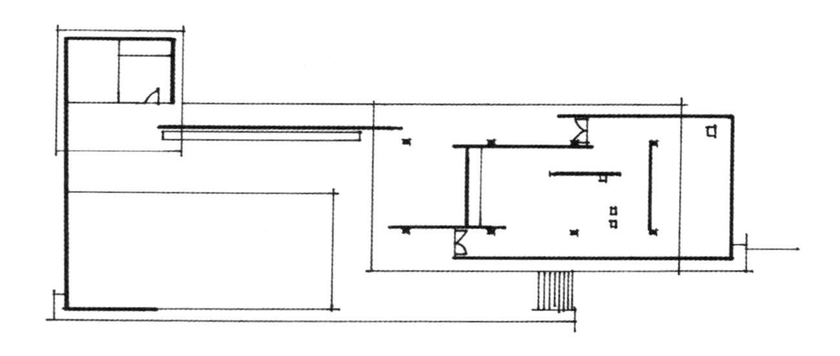

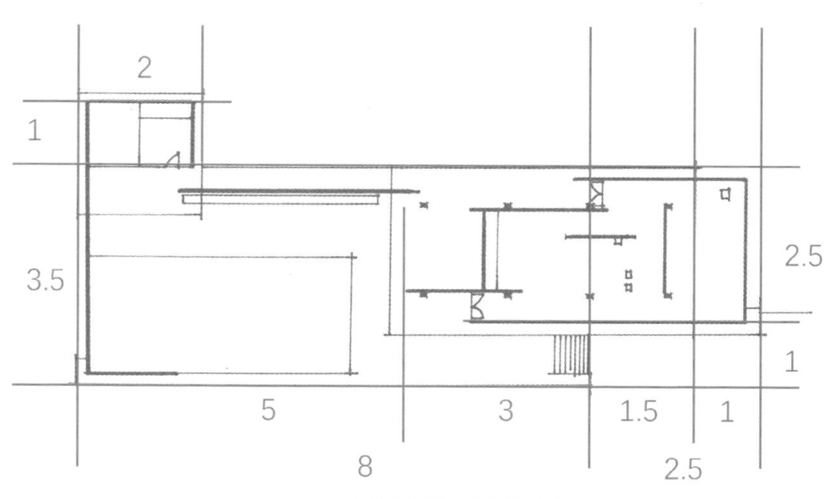

图9-5　巴塞罗那博览会德国馆平面图

流水别墅

流水别墅由美国建筑师弗兰克·劳埃德·赖特设计，建于瀑布之上。别墅主体共三层，建筑面积约380平方米。建筑充分利用了钢筋混凝土结构的支撑力，各层楼板向不同方向悬挑，再配合横向的白色光滑栏板与竖向的粗犷暗色石墙，不仅营造出丰富的空间形式，还凸显了外形上纵横交错的构图，以及颜色、质感的强烈反差。此外，建筑实体矗立于轻盈的流水之上，成功地与自然景观紧密结合，是有机建筑理论的集中表达。

绘图步骤：

透视图

（1）绘制长宽比为6.5：4的矩形辅助框；

（2）按如图所示比例绘制辅助线；

（3）分左、中、右三部分绘制墙体和阳台，再补充绘制门窗、立面材质、景观等细部。

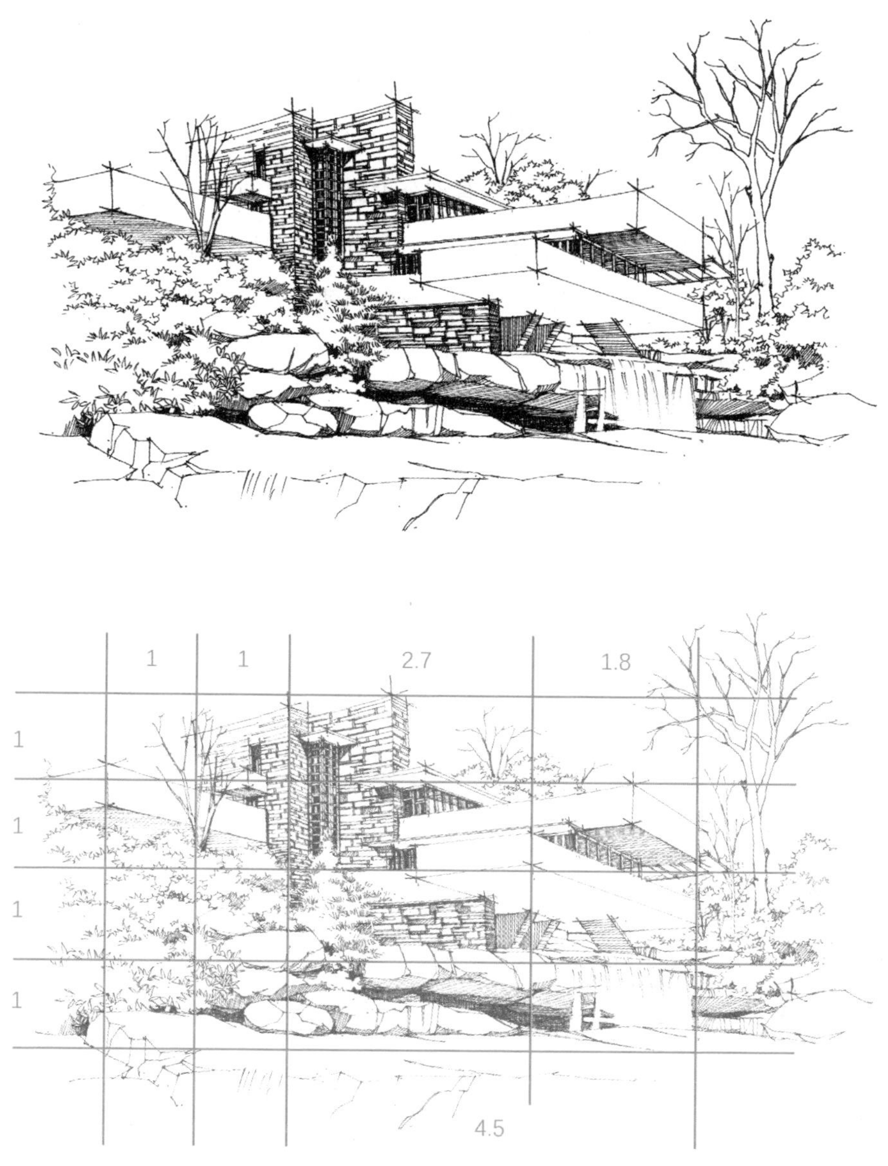

图9-6　流水别墅透视图

罗马小体育宫

罗马小体育宫由意大利建筑师A.维泰洛齐和结构工程师P.L.奈尔维设计。其平面为直径60米的圆形，采用网格穹隆形薄壳屋顶。球顶部开一小圆洞，底下悬挂天桥，布置照明灯具，洞上再覆一圆盖。穹顶下缘由Y形结构支撑，各个支点间距均等。建筑外形匀称，圆盖、球顶、Y形斜撑和玻璃窗等各部分占比适当。圆盖下方玻璃窗与穹顶下带形窗，与屋顶、附属用房等部分的实墙形成虚实对比。Y形斜撑配合无装饰的混凝土立面，显得强劲有力，彰显体育竞技的技巧和力量。

绘图步骤：

透视图

（1）绘制长宽比为14：3的矩形辅助框；

（2）按如图所示比例绘制辅助线；

（3）分上、中、下三部分绘制屋顶、外墙和Y形支架，再补充绘制门窗等细部。

2 5 5 2

1
1
1

图9-7 罗马小体育宫透视图

范斯沃斯住宅

范斯沃斯住宅由德国建筑师路德维希·密斯·凡·德·罗设计。其平面为矩形，长23.47米，宽8.53米，由八根H形截面钢柱支撑。出于防洪考虑，地板悬空。住宅内部分为三间，外立面以大片的玻璃取代了阻隔视线的实墙。外观洁净透明，清晰地展现出建筑的材料、结构与空间，由此实现了室内外空间环境的相互交融，是“少就是多”和“流动空间”的完美体现。

绘图步骤：

平面图

（1）绘制长宽比为9.5：4和14：5的两个矩形辅助框；

（2）按如图所示比例绘制辅助线；

（3）分上下两部分绘制外墙轮廓、平台和柱子，再补充绘制家具、台阶等细部。

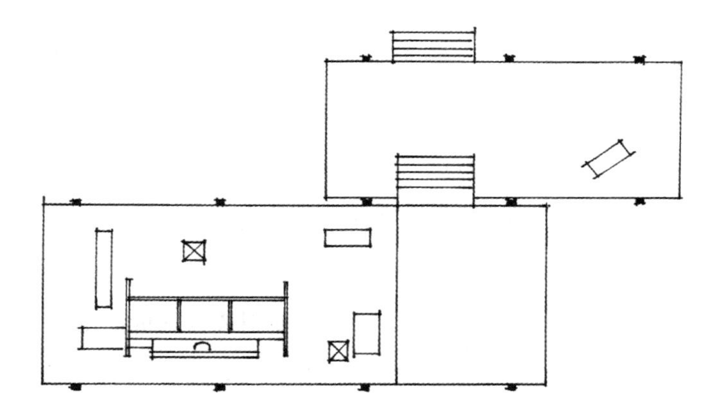

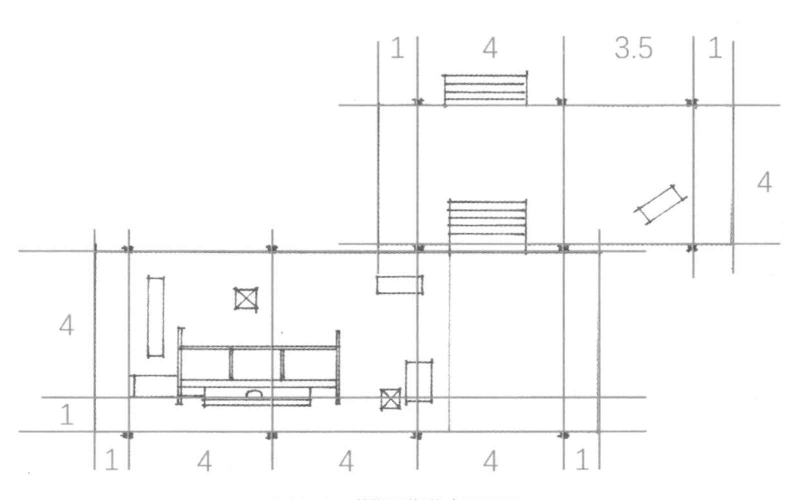

图9-8　范斯沃斯住宅平面图

朗香教堂

朗香教堂由法国建筑师勒·柯布西埃设计。建筑平面自由不规整，墙体几乎全部弯曲。入口墙面倾斜，上面开设多个射击孔大小的窗洞。教堂内部核心空间长约25米，宽约13米。围绕其分散设置3个弧形小龛，每个空间上部拔起高于屋顶，顶部为曲面。屋顶为两层钢筋混凝土薄板构成，两层之间最大距离为2.26米。在边缘处两层薄板会合，向上翻起，自东向西倾斜。东立面和南立面的屋顶和墙的交接处开一道透光窄缝。建筑造型采用象征手法，例如南墙东端卷曲上升，如手指般直指天空；内部空间封闭，暗示其可作为一个安全的庇护所；东面长廊对外开放，表达对广大朝圣者的欢迎；倾斜的墙体、大小不同的窗户、室内暗淡的光线和分散的光源，以及弯曲的墙面和下坠的棚顶等，减弱了使用者对空间、大小和方向的判断，起到渲染建筑宗教氛围的作用。

绘图步骤：

平面图

（1）绘制长宽比为9：7的矩形辅助框；

（2）按如图所示比例绘制辅助线；

（3）根据网格定位绘制墙体和室外祭坛，再补充绘制门窗、家具等细部。

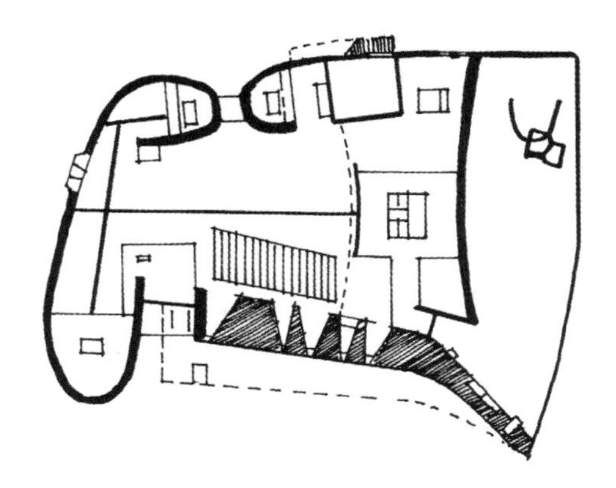

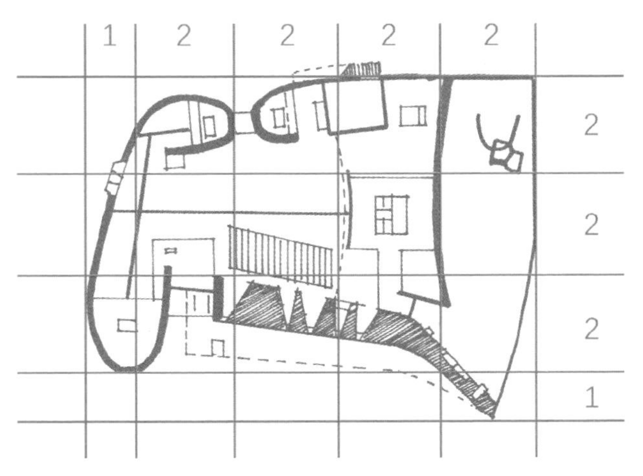

图9-9-1　朗香教堂平面图

透视图

（1）绘制长宽比为8.3：6.3的矩形辅助框；

（2）按如图所示比例绘制辅助线；

（3）分左右两部分绘制屋顶和墙体，再补充绘制门窗、阳台、楼梯等细部。

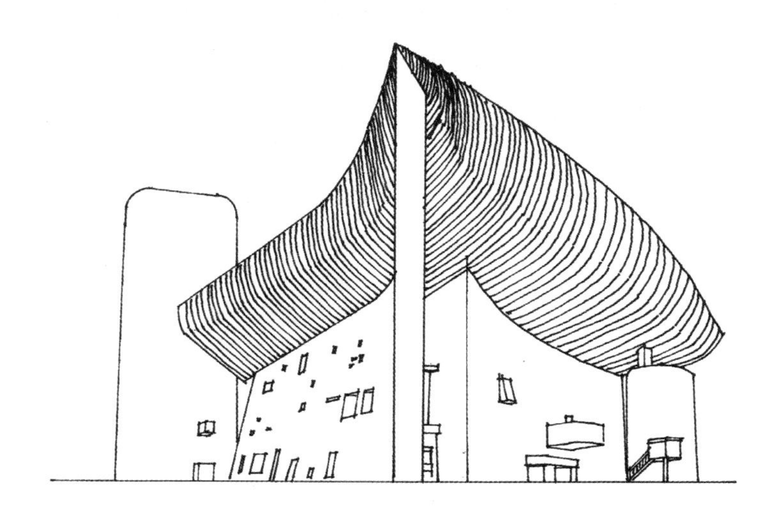

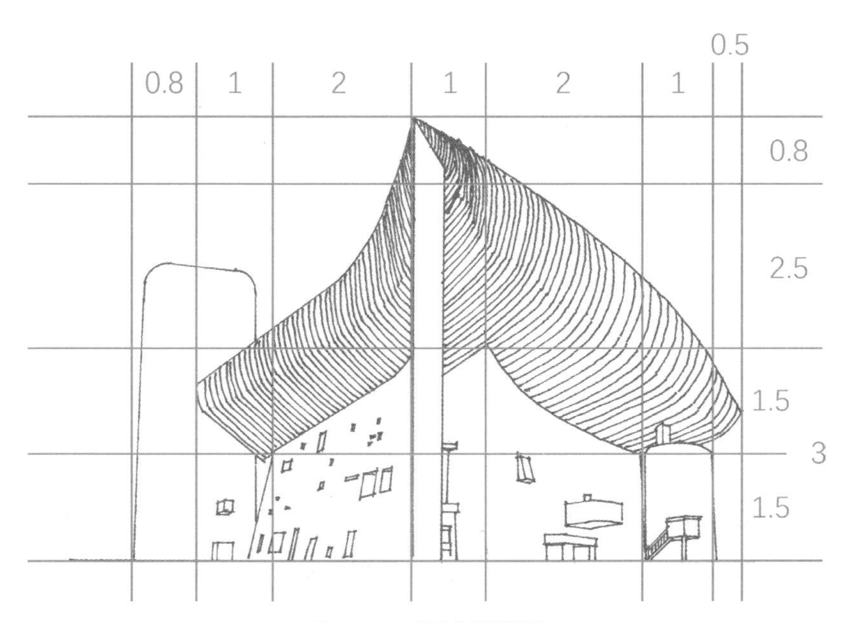

图9-9-2　朗香教堂透视图

肯尼迪国际机场候机楼

肯尼迪国际机场候机楼由美籍芬兰裔建筑师埃罗·沙里宁设计。建筑师运用具体象征手段，使其外形模仿展翅欲飞的大鸟。其结构上采用薄壳屋顶和Y形支柱等新技术，实现了平面与空间的非几何形态，是讲求个性与象征的典型代表。

绘图步骤：

透视图

（1）绘制长宽比为8：2的矩形辅助框；

（2）按如图所示比例绘制辅助线；

（3）分左右两部分绘制屋顶和墙体，再补充绘制门窗、结构构件等细部。

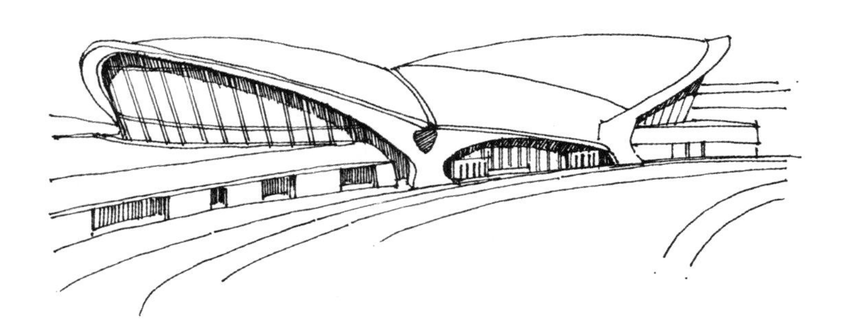

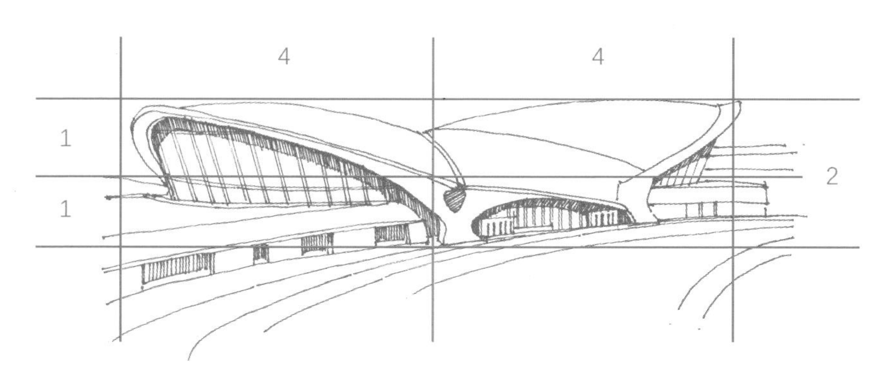

图9-10　肯尼迪国际机场候机楼透视图

悉尼歌剧院

悉尼歌剧院由丹麦建筑师约恩·乌特松设计，位于悉尼港的便利朗角。其外形似帆船，是集音乐厅、歌剧院、排练厅、多功能接待大厅、展览馆、餐厅以及纪念品商店等功能为一体的多功能综合体。整个建筑为钢筋混凝土结构，占地约1.84万平方米。南北长186米、东西最宽处97米的平台将其分为上下两部分。平台之上承载三组尖拱形屋面系统，由钢筋混凝土券肋组成，下方分别为音乐厅、歌剧院和贝尼朗餐厅；平台下方设置停车场、附属用房等。

绘图步骤：

透视图

（1）绘制长宽比为9：4的矩形辅助框；

（2）按如图所示比例绘制辅助线；

（3）绘制屋顶和墙体，再补充绘制门窗、结构构件、景观等细部。

图9-11　悉尼歌剧院透视图

十、现代主义之后

文丘里母亲住宅

文丘里母亲住宅由美国建筑师罗伯特·文丘里设计。正立面山墙顶部断开，放大了中央入口门洞。室内楼梯与形状不规则的壁炉相结合，置于门洞后的墙边，体现了两个重要的空间要素在建筑中心的二元统一。此外，放大了部分室内构件和空间元素的尺度，实现了小建筑与大尺度的对立统一。建筑师在现代建筑设计原则中引入了部分西方传统建筑要素，通过强调建筑的不定性来对抗现代建筑的确定性和功能绝对原则。建筑平面和立面既对称又不对称，空间即开敞又封闭，形式似传统又并不传统，是一座包含复杂性和矛盾性的建筑。

绘图步骤：

立面图

（1）绘制长宽比为12.5：6的矩形辅助框；

（2）按如图所示比例绘制辅助线；

（3）分左右两部分绘制屋顶、墙体和入口，再补充绘制门窗、烟囱等细部。

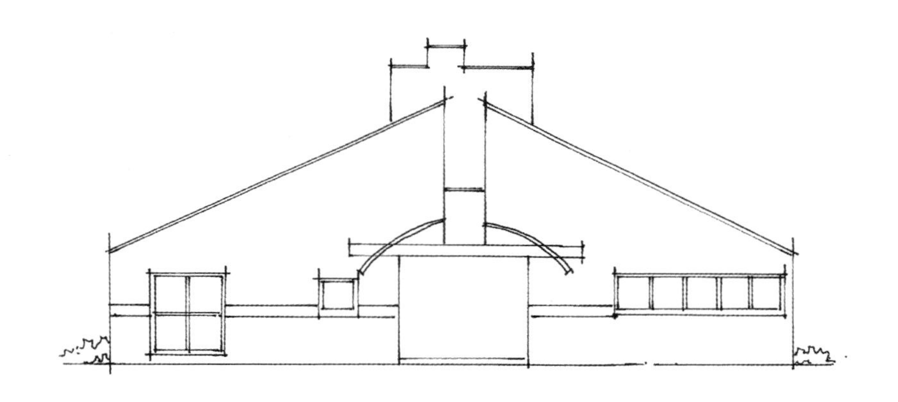

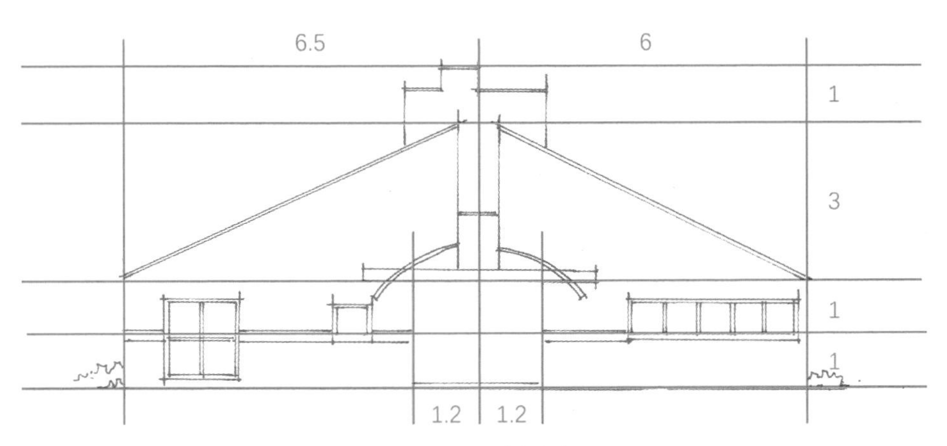

图10-1　文丘里母亲住宅立面图

住吉长屋

住吉长屋由日本建筑师安藤忠雄设计，仿照日本传统城市住宅中“长屋”这一建筑类型。其平面为矩形，采用清水混凝土等材质，形成对外封闭的狭长立方体，具有很强的现代建筑特征，与周围的传统建筑既相似又相异。平面被分成三等份，中间是一个开放的天井，天井中楼梯与天桥将前后空间相连。住宅所有的窗户全部朝向这个天井，将光、风等自然元素引入住宅，实现建筑与自然相融。

绘图步骤：

鸟瞰图

（1）绘制长宽高比为7.5：2：2的矩形辅助框；

（2）按如图所示比例绘制辅助线；

（3）分为左、中、右三部分绘制墙体和连廊，再补充绘制门窗、楼梯、女儿墙等细部。

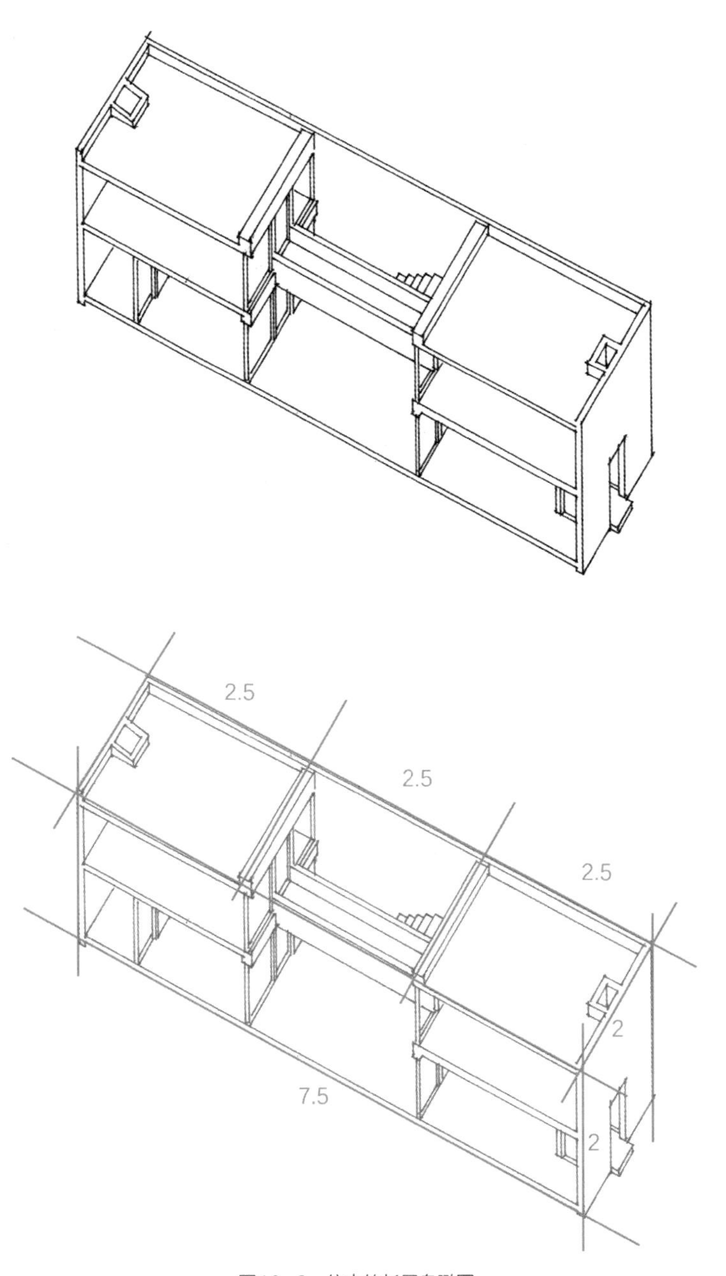

图10-2 住吉的长屋鸟瞰图